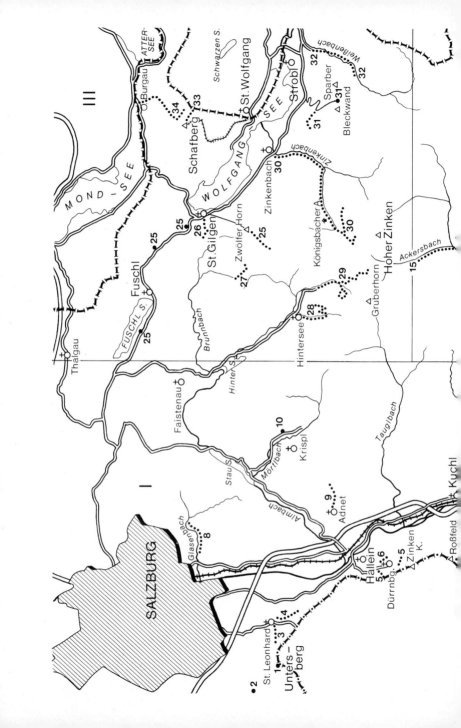

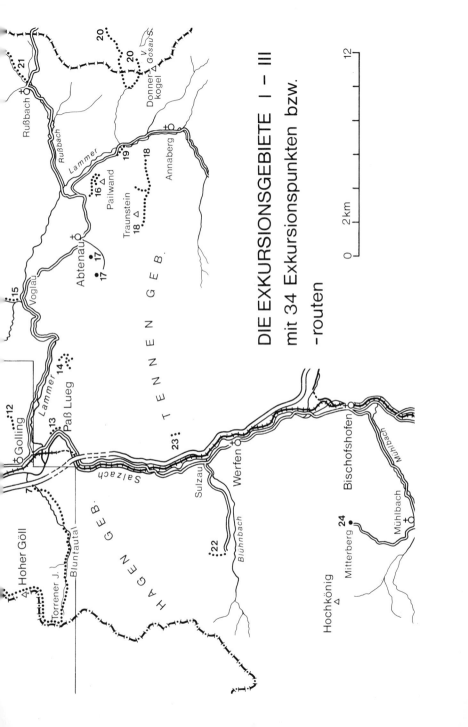

DIE EXKURSIONSGEBIETE I – III
mit 34 Exkursionspunkten bzw. -routen

SAMMLUNG GEOLOGISCHER FÜHRER

SAMMLUNG GEOLOGISCHER FÜHRER

Herausgegeben von MANFRED P. GWINNER

Band 73

GEBRÜDER BORNTRAEGER · BERLIN · STUTTGART · 1983

Salzburger Kalkalpen

von

Professor Dr. **Benno Plöchinger**
Geologische Bundesanstalt, Wien

Mit 34 Abbildungen, 3 Fossiltafeln, 2 Tabellen, 1 Routenkarte auf der Umschlaginnenseite und einer zweifarbigen geologischen Karte

GEBRÜDER BORNTRAEGER · BERLIN · STUTTGART · 1983

ISBN 3-443-15034-9 / ISSN 0343-737X
Alle Rechte, auch die der Übersetzung, des auszugsweisen Nachdrucks, der Herstellung
von Mikrofilmen und der photomechanischen Wiedergabe, vorbehalten.
© 1983 by Gebrüder Borntraeger, Berlin-Stuttgart
Printed in Germany by Tutte Druckerei GmbH, Salzweg-Passau
Papier: Papierfabrik Scheufelen, Oberlenningen
Einbandentwurf von Wolfgang Karrasch
Schrift: Sabon

Inhaltsverzeichnis

Vorwort	IX
1. Die Formgebung der Landschaft im Tertiär und Quartär	1
2. Tektonischer Überblick	4
3. Die Gesteine im Raum der Salzburger Kalkalpen	13
3.1 Die Schichtglieder des Ultrahelvetikums im Wolfgangseefenster	13
3.2 Die Schichtglieder des Flysches im Wolfgangseefenster	14
3.3 Die kalkalpinen Schichtglieder	14
3.3.1 Perm	15
3.3.2 Trias	15
3.3.2.1 Untertrias	18
3.3.2.2 Mitteltrias	19
3.3.2.3 Obertrias	21
3.3.3 Jura	24
3.3.3.1 Lias	25
3.3.3.2 Dogger	28
3.3.3.3 Malm	28
3.3.4 Kreide-Alttertiär (bis Eozän)	30
3.3.4.1 Unterkreide	31
3.3.4.2 Oberkreide-Alttertiär	32
4. **Exkursionsgebiet I:** Beiderseits des Salzach-Quertales zwischen Salzburg und Golling (Untersberg, Halleiner Zone, Roßfeld, Göll, Westrand der Osterhorngruppe)	35
4.1 Zum geologischen Aufbau des Exkursionsgebietes I	35
4.2 Exkursionen im Exkursionsgebiet I	38
Exk. 1: Rundblick vom Untersberg (Geiereck, 1806 m)	38
Exk. 2: Der Untersberger Marmorbruch bei Fürstenbrunn	41
Exk. 3: Der Grünbachgraben am Ostfuß des Untersberges	42
Exk. 4: Der Zementmergelbruch am Gutrathsberg südlich St. Leonhard	46

Exk. 5: Hallein – Winterstallstraße –
Nordfuß Zinken-Wallbrunnkopf.................... 48
Exk. 6: Die Hallstätter Serie und der Salzbergbau am Dürrnberg . 51
Exk. 7: Golling – Bluntautal – Torrener Joch – Stahlhaus –
Hohes Brett (2341 m) – Hoher Göll (2523 m) –
Purtscheller Haus – Ahornbüchsenkopf – Roßfeld 54
Exk. 8: Die nächst Salzburg gelegene Glasenbachklamm 56
Exk. 9: Adneter Riedl – Adnet.............................. 58
Exk. 10: Straßenaufschluß im Mörtlbachtal nordöstlich Krispl 60
Exk. 11: Hochreithberg – Moosegg (Gipsabbaugelände Moldan) –
Grabenwald – Kertererbachgraben;
Alternative: Moosegg – Grabenwald 61
Exk. 12: Hinterkellau – Staudinger Köpfl – Schröckwald......... 65

5. **Exkursionsgebiet II:** Der Südteil der Salzburger Kalkalpen
(Hochkönig, Tennengebirge und Lammertalbereich, Gosau- und
Zwieselalmgebiet, Westrand der Dachsteinmasse) 67
5.1 Zum geologischen Aufbau des Exkursionsgebietes II 67
5.2 Exkursionen im Exkursionsgebiet II 69
Exk. 13: Paß Lueg – Salzachöfen........................... 69
Exk. 14: Rauhes Sommereck (892 m) – Schönalm (803 m) –
Ostseite Sattelberg 70
Exk. 15: Ackersbachgraben (Südseite der Osterhorngruppe)....... 71
Exk. 16: Der Nordosthang der Pailwand bei Abtenau 73
Exk. 17: Aufschlüsse am Südende des Roadberges (Vorderer
Strubberg) und am Arlstein bei Abtenau 74
Exk. 18: Gehöft Quechenberg – Quechenbergalm – Schober
(1791 m) – Firstsattel (1820 m) an der Tennengebirgs-
Ostseite 75
Exk. 19: Die Lammerschlucht bei Annaberg................... 78
Exk. 20: Vorderer Gosausee – Gablonzer Hütte (1550 m) –
Zwieselbergalmhöhe (1587 m) – Liesenhütte –
Ghf. Gosauschmied 79
Exk. 21: Rußbach – Randobachgraben....................... 82
Exk. 22: Blühnbachtal – Hundskarlgraben.................... 83
Exk. 23: Achselkopf und Eisriesenwelt am Westende des
Tennengebirges................................... 84
Exk. 24: Arthurhaus (1502 m) am Südhang des Hochkönigmassivs . 85

Inhaltsverzeichnis

6. Exkursionsgebiet III: Der Schafbergzug, das Fuschl-Wolfgangseetal, die Nördliche und Innere Osterhorngruppe, die Gamsfeldmasse ... 89
6.1 Zum geologischen Aufbau des Exkursionsgebietes III 89
6.2 Exkursionen im Exkursionsgebiet III 92
    Exk. 25: Hof – Fuschl – St. Gilgen – Zwölferhorn (1522 m) – Pillstein (1478 m) 92
    Exk. 26: St. Gilgen – Mozartsteig 98
    Exk. 27: Der nahe der Schafbachalm gelegene Saubachgraben an der Zwölferhorn-Westseite 98
    Exk. 28: Der Feichtenstein bei Hintersee (1253 m) 100
    Exk. 29: Gruberalm (1036 m) am Gruberhorn bei Hintersee 103
    Exk. 30: Alte Zinkenbachbrücke – Forststraßen Zinkenbach – Königsbachalm – Kendlbachgraben und Wetzsteingraben 104
    Exk. 31: Strobl – Schartenalmstraße – Mühlpointwaldparzelle – Schartenalm (1071 m) 108
    Exk. 32: Strobler Weißenbachtal 111
    Exk. 33: St. Wolfganger Schafberg (1783 m) – Spinnerin (1719 m) .. 113
    Exk. 34: Oberburgau am Mondsee – Eisenauer Alm (Buchberghütte, 1015 m) – Suissensee – Mittersee (ca. 1460 m) 114
Literatur- und Kartenverzeichnis 117
Erläuterung einiger Fachausdrücke 128
Erläuterungen zu den Tafeln 131
Sachregister 136
Ortsregister 142

Vorwort

Eine über dreißigjährige geologische Kartierungstätigkeit im kalkalpinen Raum Salzburgs bildet die substanzielle und ideelle Grundlage für die Erstellung dieses Bandes. Sie wurde vom Herausgeber der Geologischen Führer im Verlag Gebrüder Borntraeger, Herrn Prof. M. GWINNER, befürwortet.

Unter Berücksichtigung der Arbeiten zahlreicher Autoren wird versucht, eine möglichst verständliche Darstellung des Salzburger Kalkalpenbereiches zwischen den Meridianen Königsee und Gosau zu geben. Nach den grundlegenden Kapiteln über die Geländeformung, die Großtektonik und die Stratigraphie wird der behandelte Kalkalpenbereich zur Erleichterung der Programmbildung für 34 Exkursionen in drei Exkursionsgebiete geteilt.

Dem besseren Verständnis dienen Tabellen, Kartenskizzen, Profile und Fototafeln. Größter Wert wurde auf die Beigabe einer geologischen Zweifarbenkarte gelegt. Sie wurde zusammengestellt nach den geologischen Aufnahmen von O. ABEL, H.P. CORNELIUS, W. DEL NEGRO, W. FRIEDEL, O. GANSS, G. GEYER, G. GÖTZINGER, H. GRUBINGER, H. HABER, H. HÄUSLER, W. HEISSEL, W. JANOSCHEK, J. KÜHNEL, F. KÜMEL, C. LEBLING, G. NEUMANN, R. OSBERGER, H. PICHLER, TH. PIPPAN, B. PLÖCHINGER, S. PREY, G. ROSENBERG, R. ROSSNER, G. SCHÄFFER, W. SCHLAGER, J. SCHRAMM, E. SEEFELDNER, E. SPENGLER, G. TICHY, A. TOLLMANN, F. TRAUTH, D. VAN HUSEN, U. WILLE-JANOSCHEK, E. WIRTH, H. ZANKL und H. ZAPFE. Die Exkursionspunkte und -routen (Fußwege) sind sowohl in dieser geologischen Karte als auch in der topographischen Skizze auf der Rückseite des vorderen Buchumschlages vermerkt.

Es ist mir eine angenehme Pflicht, allen jenen Dank zu sagen, die zur Erstellung des Exkursionsführers in irgendeiner Form beigetragen haben, so den Herren Prof. M. GWINNER und Dr. E. NÄGELE für ihre redaktionellen Bemühungen, der Salzburger Landesregierung und insbesondere dem Gipswerk MOLDAN für die Subventionierung graphischer Arbeiten, den Herren Hofrat J. REISENBICHLER (Salinendirektion Hallein), Hofrat K. BREITENEDER (Salzburger Landesregierung), Dipl. Ing. PFLUGBEIL und Ing. RABEDER (Forstamt Strobl/Weißenbach) für organisatorischen Beistand und den Herren Prof. W. DEL NEGRO, Prof. G. FRASL, Dr. H. HÄUSLER, Dr. S. PREY, Doz. J. M. SCHRAMM und Prof. G. TICHY für fachliche Hilfe oder für Anregungen. Dank schulde ich auch Herrn Prof. L. ZILLER für die Erlaubnis zur Reproduktion einzelner Fototafeln aus meinem Beitrag zum St. Gilgener Heimatbuch und insbesondere den Diplomgraphikern, Herrn O. BINDER, Frau I. ZACK, Frau L. STEINBAUER und Frau A. GOTTSCHALD, für die sorgfältige Ausführung der Graphiken.

B. PLÖCHINGER

1. Die Formgebung der Landschaft im Tertiär und im Quartär

Zieht man den nördlichen und den südlichen Rahmen des behandelten Gebietes mit in Betracht, liegen als tektonische Großeinheiten das Helvetikum (Helvetikum im Heubergfenster, Ultrahelvetikum im Wolfgangseefenster), die Flyschzone (auch im Wolfgangseefenster), die Nördlichen Kalkalpen und die Grauwackenzone vor (S. 4ff).

Das Helvetikum erfaßt Gesteine der Oberkreide bis Eozän, das Ultrahelvetikum (Klippe und Buntmergel-Klippenhülle) Gesteine des Tithon bis Eozän, die Flyschzone Gesteine der Kreide und des Paleozän, die Kalkalpen Gesteine des Mesozoikums, untergeordnet auch des Jungpaläozoikums (Perm) und des Alttertiärs (Paleozän, Eozän) und die Grauwackenzone Gesteine des Paläozoikums. Die Beschaffenheit aller dieser genannten Gesteine, ihre Verwitterbarkeit, ist grundsätzlich für die Formgebung der Landschaft entscheidend. Am deutlichsten kommt dies bei der Gegenüberstellung der sanften, relativ niederen Formen der im allgemeinen leichter verwitterbaren Gesteine des Flyschgebietes mit dem ausgeprägten Relief der im allgemeinen schwerer verwitterbaren Gesteine der Kalkalpen zum Ausdruck. Ähnliches bewirkt den Gegensatz von der Morphologie der Kalkalpen zu den sanften Formen der Grauwackenzone. Von nicht minderer Bedeutung für die Formgebung ist die Lagerung der Gesteine. Ein schneller Wechsel im Gesteinsverband oder auch der Durchgang von Störungen haben eine deutliche Gliederung der Landschaft zur Folge, ein gleichbleibender Gesteinsverband bei flacher, ungestörter Schichtstellung eine wenig gegliederte Landschaft.

So wichtig die Gesteinsbeschaffenheit und die Gesteinslagerung für die selektive Formgebung der Kalkalpen sind, so sind sie doch der regionalen Einebnung aufgrund der rhythmischen Heraushebung der Kalkalpen unterworfen. Zahlreiche Belege für die in jungtertiärer Zeit erfolgte Heraushebung und Einebnung sind auch in unserem Kalkalpenabschnitt erhalten geblieben: Die Plateauflächen des Dachstein- und Gamsfeldmassives, des Untersberges, des Tennengebirges, Hagengebirges und des Hochkönigs. Sie stellen, wenn man sie miteinander verbindet, eine von Kuppen überragte, sanft gegen Norden, zum ehemaligen Molassemeer abfallende, jungtertiäre Einebnungs- beziehungsweise Abtragungsfläche dar. Im Zuge der jungtertiären Hebungsphasen verlagerten sich die im Alttertiär zum Meer abfließenden Wässer zum Teil in die unterirdischen Karsthohlräume des sanften Kalkalpenreliefs. Die Erosion der größeren, vom Zentralalpenbereich kommenden Flüsse, so auch die Erosion der Salzach, konnte mit der Hebung Schritt halten und ein breites, tiefes Tal schaffen. Primäre Ursache zur Bildung der Täler sind vielfach Störungen, so beispielsweise die Salzachstörung oder die Wolfgangseestörung.

Die letzte maßgebende Entscheidung beim Zustandekommen der heutigen Landschaftsform hatten nach der Schaffung des voreiszeitlichen Entwässerungsnetzes die eiszeitliche Erosion und die eiszeitlichen und nacheiszeitlichen Ablagerungen. In der Eiszeit wurden die Täler vertieft und verbreitert und die U-förmigen Täler herausgehobelt, in welchen heute die Seen liegen.

Die im Hauptereignis der letzten Eiszeit (Würmeiszeit) gebildeten Vorstoßschotter leiteten die wesentliche Auffüllung der Hauptäler ein. Sie werden von den Grundmoränen der Würmeiszeit überlagert. Wie gewaltig die Einwirkung des Eises in den insgesamt 4 Eiszeiten (Günz, Mindel, Riß, Würm) war, kann man sich am besten durch die Tatsache vergegenwärtigen, daß das Land Salzburg zum größten Teil von einem Eisstromnetz überdeckt war. Als bedeutendster Gletscher ist der aus dem Tauernbereich kommende, durch die Gletscher der östlichen Tauerntäler verstärkte Salzachgletscher zu nennen.

Nördlich der Stadt Salzburg wird das Zungenbecken des Gletschers halbkreisförmig im Norden von Endmoränenwällen umrahmt, die von außen nach innen zunehmend jüngeren Eiszeiten entsprechen. Schräggeschichtete, verfestigte und daher morphologisch hervortretende Deltaschotter (interglaziale Nagelfluh) zeigen eindrucksvoll den ehemaligen Bestand eines großen Sees an, der zeitweise das Salzachtal zwischen

Golling und Salzburger Becken einnahm. Danach war dieses Becken mindestens zweimal, in der Mindel/Riß – und in der Riß/Würm – Zwischeneiszeit, von einem großen See erfüllt, der durch Schotterablagerungen und mächtige Seetone verlandete.

Im Spätglazial kam es zum kurzfristigen Vorstoß von Lokalgletschern (Schlernvorstoß). Er macht sich zum Beispiel durch eine bis in das Salzburger Becken reichende Schotterfläche und die Moränen des Untersberges kenntlich. Ihr Nährgebiet hatten die Gletscher in den Karen der umliegenden Plateauberge. Schotterablagerungen der heutigen Talböden gehören zur postglazialen Auffüllung.

Auch der Traungletscher ist für unseren Raum von Bedeutung. Zweige desselben drangen in das Land Salzburg vor. Es waren der über die Wolfgangseetalung vorstoßende Zweig und der über die Mondseetalung nach Thalgau beziehungsweise zum Irrsee verlaufende Zweig. Ersterer erhielt starke Zuflüsse aus den Hochflächen und Karen des Osterhorn-Gamsfeld-Gebietes. Bei Strobl spaltete sich ein Zweig über die Talung des Schwarzensees nach Norden in Richtung Attersee ab, bei St. Gilgen teilte sich der Wolfgangsee-Gletscherarm in die zum Fuschlsee und zur Talung der Tiefbrunnau führenden Zweige. Beachtet man die Eismächtigkeit, die an der Gabelung 1000 m betragen haben mag, kann man sich eine Vorstellung über das Ausmaß der Erosionskraft des Eises machen.

Überraschend mächtig sind die eiszeitlichen Ablagerungen im Raum Faistenau – Hof – Ebenau; man hat dies dem würmeiszeitlichen Zusammenstoß der von Osten her stirnenden Traungletscherzweige mit den von Westen her stirnenden Zweigen des Salzachgletschers und deren Zusammentreffen mit dem kleinen Hinterseegletscher zuzuschreiben, der die Talung des Hintersees schuf.

Alle Seen unseres Kalkalpengebietes von Salzburg verdanken ihre Entstehung der eiszeitlichen Erosion, so letzten Endes auch die kleinen, hoch gelegenen Karseen an der Nordseite des Schafberggipfels.

Von den Eismassen des Dachstein- und Tennengebirgsmassives wurden das Gosautal und das Lammertal erfüllt. Während der Vollvergletscherung strömte auch Eis vom Gosaubecken gegen Westen und floß schließlich in Richtung Salzachgletscher ab.

Die unsortierten Gerölle und Sande der Grundmoräne sind leicht verfestigt oder locker gepackt. Ihre Geschiebe sind meist gut bearbeitet und mit Schrammen versehen. Grundmoränenwälle oder Drumlins zeigen durch ihre längsgestreckte Form die Eisflußrichtung an. Zusammen mit den Rundhöckern sind es Formen der Eisüberarbeitung. Demgegenüber bestehen Osformen und Eisrandterrassen aus verschwemmten Moränenmaterial und Gehängeschutt, die sich am Rande des abschmelzenden Eises sammelten. Verbreitet sind Stauseesedimente, Schluffe, deltageschüttete Schotter und Sande anzutreffen. Gut entwickelte Eisrandterrassen und Toteislöcher liegen um den Wolfgangsee.

Bergsturzblockwerk findet sich an schrofferen Erosionsformen; sie sind meist tektonisch vorgezeichnet. Ähnlich ist es bei den Abrißnischen und Rutschmassen. Sie sind vorwiegend an weiche, tonige Sedimente gebunden.

2. Tektonischer Überblick

Die mesozoischen Sedimente der Nördlichen Kalkalpen entstammen einem einst im Süden der heutigen Tauernaufwölbung gelegenen ostalpinen Absatzgebiet. Zusammen mit den Sedimenten ihrer paläozoischen Unterlage, der Grauwackenzone, wurden sie derart vom kristallinen Untergrund abgeschert und deckenförmig nach Norden verfrachtet, daß heute unter der Grauwackenzone kein kristalliner Sockel mehr auftritt und selbst die Gesteine der Grauwackenzone nur teilweise im Liegenden des Südteiles der Kalkalpen erhalten sind.

Die Abb. 1 veranschaulicht, in welchem Absatzraum es zur Anhäufung der Sedimente der Nördlichen Kalkalpen kam und wie diese heute gelagert sind. Im Profil A der Abbildung ist ein Querschnitt durch den einige hundert Kilometer breiten und tausende Kilometer langen Meerestrog der Tethys dargestellt, der, auf kontinentaler Kruste gelegen, in unserem Raum in drei Teiltröge oder Meereszonen gegliedert war und in dessen südlichster Zone sich bei laufender Absenkung die mächtigen Sedimente des Ostalpins anhäuften.

Das Profil B gibt einen Querschnitt durch die Alpen, in dem aufgezeigt wird, welche Position die einst in den Meeresteilen angehäuften

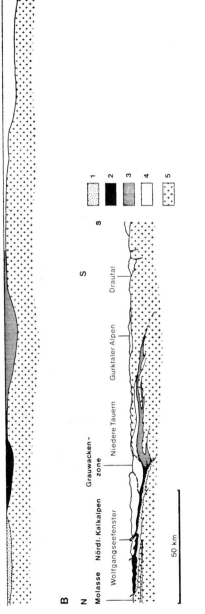

Abb. 1. Der Ostalpenraum vor den gebirgsbildenden Vorgängen zur Mittelkreide (= Profil A) und jetzt (= Profil B); nach E. CLAR 1964, vereinfacht. – 1: Sedimente der Meereszone 1 (außeralpines Mesozoikum, Helvetikum), 2: Sedimente der Meereszone 2a (Flysch = Nordpenninikum), 3: Sedimente der Meereszone 2b (Tauernschieferhülle = Südpenninikum), 4: Sedimente der Meereszone 3 (Ostalpin), 5: kristallines Grundgebirge.

Sedimente heute, nach den gebirgsbildenden Vorgängen, einnehmen. Bereits in der Trias bestanden Bodenunruhen, welche mit dem submarinen Salzdiapirismus in Zusammenhang stehen. Mit der plattentektonisch bedingten Öffnung des Atlantischen Ozeans öffnet sich im Jura auch der tiefe südpenninische Meeresraum (Meereszone 2 b der Abbildung). Gleichzeitig kam es im Absatzgebiet unserer oberostalpinen Nördlichen Kalkalpen, im südlichsten Teil der Meereszone 3, zur Zerrung der triadischen Plattform und damit zur Bildung tiefer Meeresbecken, so daß sich Schuttströme (Olisthostrome), Gleitschollen (Olistholithe) und Gleitdecken bilden konnten.

Mit dem Abströmen, der Subduktion, des Erdkrustenmaterials in der Zone 2 b (Südpenninikum) zur Zeit der kretazischen Gebirgsbildungsphasen wurden die Gesteine der südlichsten, dritten Meereszone (Ostalpin) vom Süden nach Norden gefaltet, in Decken gestapelt und schließlich samt ihrer kristallinen Basis über die Gesteine der Meereszone 2 (Südpenninikum) geschoben. Zuerst mußten innerhalb des Ostalpins die Gesteine des Oberostalpins mit den Nördlichen Kalkalpen über jene des Mittel- und Unterostalpins befördert werden.

Bei diesem Überschiebungsvorgang wurden die Gesteine des Penninikums vollständig überdeckt und es kam im Tauernbereich durch hohe Temperatur- und Druckbedingungen zur Neubildung von Mineralien (Metamorphose).

Zwischen dem Coniac und dem Eozän wurde der kalkalpine Deckenstapel vom Gosaumeer überflutet. Nach Ausweis des Schwermineralspektrums der Gosauablagerungen hat die nordvergente Überschiebung der Kalkalpen über die Tauern (Südpenninikum) in der Kreidezeit eingesetzt. Exotikagerölle wie sie zur älteren Oberkreide im Randcenoman und dann (umgelagert?) in der Gosau auftreten, sind aus einer heute verschwundenen Krustenaufwölbung abzuleiten, die nördlich des damaligen Kalkalpen-Nordrandes durch die südvergente Subduktion des Penninikums zustande kam.

Im Alttertiär verlegte sich die Subduktion nach Norden unter die Meereszone 2a, dem nordpenninischen Flyschtrog. Sie führte dazu, daß sich das kalkalpine Deckengebäude zu Beginn und gegen Ende des Obereozäns in seiner Gesamtheit auf die inzwischen trocken gefallene

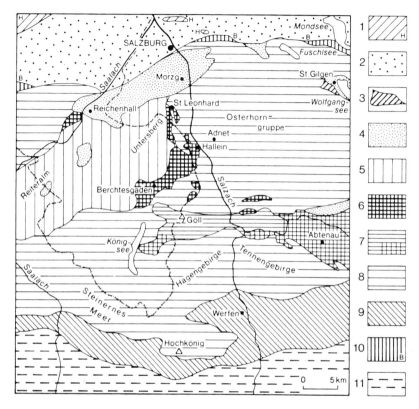

Abb. 2. Tektonische Übersichtsskizze. – 1: Helvetikum, 2: Flysch, 3: Fenster des Ultrahelvetikums, Flysches und Tief bajuvarikums (St. Gilgener Teilfenster des »Wolfgangseefensters«), 4: Gosauablagerungen (Senon-Eozän), 5: Berchtesgadener (Reiteralm) Decke (»Hochjuvavikum«), 6: Hallstätter Zone Hallein–Berchtesgaden und Hallstätter Schollen i. a. (»Tiefjuvavikum«), 7: Lammermasse (inkl. Göll/Schwarzenbergmasse), teilweise mit Hallstätter Fazies (»Tiefjuvavikum«), 8: Staufen-Höllengebirgsdecke = Tirolikum, 9: Werfener Schuppenzone (Tirolikum), 10: Hochbajuvarikum, 11: Grauwackenzone.

Flysch- und Helvetikumszone bewegte. Dabei kam es zu Wiederbelebungen, Schuppungen an den alten Decken- und Schuppenrändern und zur Aufschürfung von Gesteinen aus der tektonischen Basis, aus dem Reibungsteppich der kalkalpinen Schubmasse. Schließlich schoben sich, zuletzt im Jungtertiär, die Kalkalpen zusammen mit dem in Falten gelegten und mit dem Helvetikum verschuppten Flysch auf die tertiären Sedimente der Molassezone im Alpenvorland.

Durch die Abtragung des danach emporgewölbten Gebirges tauchen heute die Gesteine der Meereszone 2 b, das Südpenninikum der Tauern, als tektonisches Fenster (Tauernfenster) aus den überlagernden Gesteinen des Ostalpins empor.

Die klassische Gliederung in die kalkalpinen Deckensysteme des Bajuvarikums, des Tirolikums und des Juvavikums wird beibehalten obwohl es sich in Bezug auf das Juvavikum und seiner Unterteilung in das Tiefjuvavikum mit Hallstätter Fazies und das Hochjuvavikum mit Dachsteinkalkfazies nur um Ordnungsbegriffe handeln kann.

Im Bereich der Salzburger Kalkalpen liegt, grob gesehen, eine Großmulde des Tirolikums beziehungsweise der tirolischen Staufen-Höllengebirgsdecke vor. Sie formt den zwischen dem Inn-Quertal und der Querstruktur der Weyerer Bögen gelegenen „Tirolischen Bogen", der in unserem Abschnitt bis zum Kalkalpen-Nordrand reicht und die Decken des Bajuvarikums weitgehend überlagert (Abb. 2).

In dieser „tirolischen Großmulde" liegen nicht nur Hallstätter Zonen und Hallstätter Deckschollen des Tiefjuvavikums, die durch ihre

▶

Abb. 3. Übersichtsprofile durch die Salzburger Kalkalpen. – q: Quartär, AT: Alttertiär, K: Klippen-Buntmergelserie (Ultrahelvetikum) im Wolfgangseefenster, F: Flysch, kr: Gosauablagerungen i.a., krz: Zwieselalmschichten, krns: Nierentaler Schichten, krk: Rudistenkalk und Basiskonglomerat, krn: Neokomablagerungen, jm: Malmablagerungen i.a., jp: Plassenkalk, jl(d): Lias (Dogger) Ablagerungen, trz: Zlambachschichten, tk-: Dachsteinriffkalk, Oberrhätkalk, tk: gebankter Dachsteinkalk und Plattenkalk, th: Hallstätter Kalk, thö: Pötschenkalk, td: Hauptdolomit und Dachsteinkalk, tl: Raibler Schichten, twk: Wettersteinkalk, twd: Wettersteindolomit, Ramsaudolomit, tm: Gutensteiner Kalk und Dolomit, ts: Buntsandstein, tw: Werfener Schichten, py: Haselgebirge, G: Grauwackenzone.

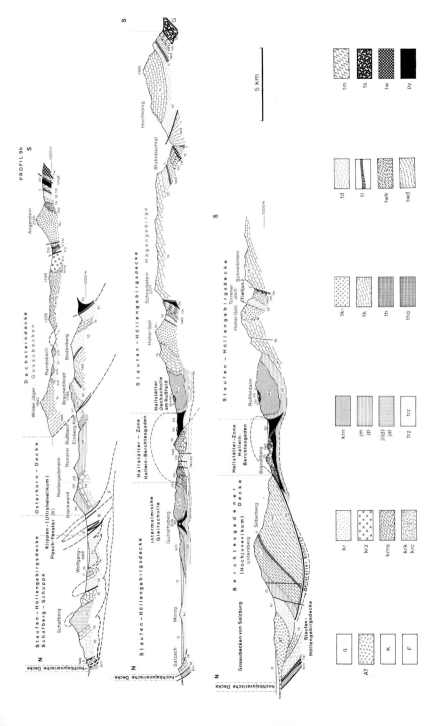

Tabelle 1 Die Gebirgsbildungsphasen und deren Folgen

Jungtertiär	Miozän	Attische Phase Moldavische Phase Jungsteirische Phase Altsteirische Phase Jungsavische Phase Altsavische Phase Chatt/Aquitan	nachgosauische Schuppung, Faltung
Alttertiär	Oligozän		
	Eozän	Pyrenäische Phase Eozän/Oligozän Illyrische Phase Mittel/Ob. Eozän	en block – Vorschub der Kalkalpen, Bildung d. Schürflingsfenster und der Gosaumulden
	Paleozän	Laramische Phasen	Schichtlücken in der Gosauserie
Oberkreide	Maastricht Campan Santon Coniac Turon Cenoman	Subherzynische Phasen: Ressenphase Unt./Ob. Campan Wernigeröder Phase	Diskordanz u. Schichtlücke in d. Gosau; Umschlag in d. Schwermineralschüttung
		Mediterrane bzw. Vorgosauische Phase vor Coniac	wichtigste Deckenüberschiebungsphase in den Kalkvoralpen und in Tirol
Unterkreide	Alb Apt	Jungaustrische Phase Alb/Cenoman Altaustrische Phase voroberalb	Deckenstirnbildung, Faltung u. Bruchtektonik, Abschluß von Eingleitungen
	Barreme Hauterive Valendis Berrias	Austroalpine Phase oder Voraustrische Phase Barreme/Apt	Olistolithe über den Roßfeldschichten, Olisthostrom in den Roßfeldschichten

Tabelle 1 Fortsetzung

Jura	Malm	Jungkimmerische Phasen Kimmeridge/Tithon Tiefmalmische Phase	Olisthostrom, Hallstätter Gleitschollen bzw. Gleitdecke in den Oberalmer Schichten Olisthostrom u. Olistholithe i. d. Ruhpoldinger Schichten
	Dogger	Hochalpine Phase Lias/Dogger	Brekzien- und Schichtlückenbildung i. d. Kalkhochalpen
	Lias	Mesokimmerische Phase im Lias Altkimmerische Phase Rhät/Lias	Turbiditbildung Schichtlücke, Diskordanz
Trias	Obertrias	Junglabinische Phase	lokale Bodenunruhe
	Mitteltrias	Altlabinische Phase Montenegrinische Phase	
	Untertrias	Pfälzische Phase	

geringmächtigen Gesteinsserien mit den pelagischen Hallstätter Kalken ausgezeichnet sind, sondern auch Teile der hochjuvavischen, fernüberschobenen Berchtesgadener Decke und Dachsteindecke. Bei der heute in der Osterhorngruppe erkennbaren größten jurassischen Absenkung, gekennzeichnet durch die mächtigen Kiesel- und Radiolaritschichten (Ruhpoldinger Schichten) des Oxford, kam es von einer südlich gelegenen Schwelle („Trattbergschwelle") aus zur Bildung von Schuttströmen (Olisthostrome) und zum Abgleiten von bis hausgroßen Blöcken (Olistholithe) in ein tiefes Meeresbecken („Tauglbodenbecken"). Beiderseits der Salzach liegen Argumente vor, daß es im höheren Malm (Tithon) auch zu Eingleitungen aus dem Hallstätter Faziesbereich, also vom pelagischen Südrand der triadischen Plattform her kam. Es bestehen genügend viele Anhaltspunkte dafür, wonach die ganze Hallstätter Masse im Raum Hallein-Berchtesgaden zusammen mit den kilometerlangen Hallstätter Schollen östlich von Golling während der Sedimentation der Oberalmer Schichten (Tithon) einglitt. Erst nach dem Absatz der olisthostromreichen oberen Roßfeldschichten kam es in der Mittelkreide, zur Austrischen Phase, zu den letzten Eingleitungen von Hallstätter Schollen in eine tektonisch aktive Tiefseerinne. Das belegen die Schollen am Roßfeld und in der Weitenau (Abb. 2, 3).

Als ein vielleicht bereits im Malm eingebrachter, jedoch erst postneokom zur Ruhe gekommener Riesenolistholith kann die hochjuvavische Berchtesgadener Masse, somit auch jene des Untersberges, betrachtet werden. Sie ruht neokomen Ablagerungen auf. Für die zur Dachsteindecke (Hochjuvavikum) gehörende Gamsfeldmasse besteht ebenso Verdacht auf eine intrajurassische Eingleitung; ihr vorgosauischer Nordschub ist seit langem durch transgressiv überlagernde Gosauablagerungen bekannt. Andererseits zeichnet sich am Nordrand der Gamsfeldmasse insofern ein tertiärer Nachschub ab, als sich hier die Gamsfeldmasse mitsamt den ihr aufruhenden Gosauablagerungen auf die über dem Tirolikum liegenden Gosauablagerungen des Ischltales überschoben zeigt. Bei dieser Überschiebung wurden eozäne Buntmergel des Ultrahelvetikums aus der tektonischen Unterlage der Kalkalpen herausgeschürft und mit den überschobenen Gosauablagerungen verschuppt. Diese ultrahelvetischen Buntmergel gehören zum SE-Ausstrich des an die 12 km langen, 4–12,5 km südlich des Kalkalpenrandes gelegenen Wolfgangseefensters, das, geteilt in das St. Gilgener und das Strobler Fenster, an die NW-SE streichende Wolfgangseestörung gebunden ist. In ihm zeigt sich zwischen dem Schafberg-Tirolikum im NE und dem Osterhorn-Tirolikum im SW Ultrahelvetikum (südlichstes Helvetikum) und Flysch emporgeschürft. Es ist eine Folge des postmitteleozänen, blockförmigen Nordschubes des kalkalpinen Deckenstapels über den Flysch und des mit diesem verschuppten Helvetikums.

Als wesentlichste deckenbildende Phasen gelten die vorcenomane Austrische Phase und die Vorgosauische oder Mediterrane Phase (Tab. 1). In ihnen wurde die tirolische Staufen-Höllengebirgsdecke über die am Nordrand der Salzburger Kalkalpen in geringer Mächtigkeit in Erscheinung tretende hochbajuvarische Decke und diese über das Tiefbajuvarikum geschoben. Tiefbajuvarikum ist in unserem Gebiet lediglich in Form eines hüttengroßen Blockes aus Randcenoman am Südrand des St. Gilgener Fensterteiles des Wolfgangseefensters vertreten.

3. Die Gesteine im Raum der Salzburger Kalkalpen
(siehe dazu die Tabelle 2)

Weil im Wolfgangseefenster Gesteine des kalkalpinen Untergrundes, nämlich Gesteine des Ultrahelvetikums und des Flysches (Nordpenninikum) auftreten, ist es angebracht, bei einer stratigraphischen Übersicht der mesozoischen, dem oberostalpinen Absatzraum entstammenden Gesteine der Salzburger Kalkalpen auch diese mitzuerfassen.

3.1 Die Schichtglieder des Ultrahelvetikums im Wolfgangseefenster

Zu dieser Serie gehören Klippengesteine des Tithon/Neokom und Klippenhüllgesteine des Senon bis Mitteleozän.

Das tithone Klippengestein ist vertreten durch einen 60 m mächtigen, gelegentlich hornsteinführenden Bankkalk, der gegen das Hangende von einem roten Radiolarit abgelöst wird. Er führt *Punctaptychus punctatus* (VOLTZ) und Belemniten. Ein bis 5 m mächtiger, basischer Eruptivgesteins- bzw. Ophiolithkörper mit Kissenlavastruktur, bestehend aus Uralitdiabas, Uralitgabbro, Serpentin und Ophicalzit ist dem tithonen Sediment eingeschaltet. Diabas- und Gabbrogerölle sind dem Tithonkalk eingestreut. Auch ein grauer, gefleckter, unterkretazischer Mergelschiefer gehört noch zur Klippenserie. Er führt eine spezifische Mikrofauna und Nannoflora.

Nach einer Sedimentationslücke wurden transgressiv über den Gesteinen der Klippenserie die durch Foraminiferen und durch Nannoflora datierbaren Sedimente der Buntmergel-Klippenhülle abgesetzt. Es sind weißlichgraue, dunkel gefleckte oder auch rote Mergel der Oberkreide (Coniac-Maastricht) und rote, gelegentlich auch graue und braungraue, glänzende Mergelschiefer mit dünnen Sandstein- und Quarzitlagen des Alttertiärs (Unter- bis Mitteleozän).

3.2 Die Schichtglieder des Flysches im Wolfgangseefenster

Das älteste im Fenster aufgeschlossene Schichtglied des Flysches bildet der Neokomflysch mit seinen foraminiferenführenden, dunkelmattgrauen, schiefrigen bis dünnbankigen Mergeln. Wesentlich verbreiteter ist der Gaultflysch. Er besteht aus schwarzen bis graugrünen, blättrigen, foraminiferen- und nannofossilführenden Tonschiefern, dezimeter- bis $1/2$ m gebankten, dunkelgrünen Glaukonitquarziten und -sandsteinen sowie aus fein- bis mittelgroben Brekzien mit glaukonitisch-quarzitischem Bindemittel. In Letzteren finden sich Komponenten aus Quarz, Phyllit, Diabas und Serpentin.

Als weiteres bedeutendes Schichtglied des Flysches ist der Reiselsberger Sandstein des Cenoman-Turon anzuführen. Es ist ein fein- bis mittelkörniger, selten grobkörniger, an Quarz, Feldspat und Glimmer reicher Sandstein, dem glimmer- und pflanzenhäckselreiche Sandschiefer aber auch Tonschiefer eingeschaltet sind.

3.3 Die kalkalpinen Schichtglieder
(siehe dazu die Tab. 2 und die 3 Fossiltafeln im Anhang)

Es sind vorwiegend marine Ablagerungen mit gelegentlichen terrestrischen Einschaltungen, die dem Oberperm, der Trias, dem Jura, der Kreide und dem Alttertiär zugehören. Die sich ständig wechselnden Absatzbedingungen erklären ihre Vielfalt, ihren raschen Fazieswechsel.

3.3.1 Perm

Die vorwiegend klastischen Sedimente des Perm kamen nach der Einebnung des variszischen Gebirges zum Absatz und geben Hinweis auf die einsetzende Meeresüberflutung.

Zum klastischen Permoskyth unseres Abschnittes gehören die Hochfilzener Schichten, die seitlich daraus hervorgehende violette Serie (Unterperm), die grüne Serie und das Haselgebirge (Oberperm). Die Brekzien und Konglomerate der Hochfilzener Schichten ruhen diskordant dem gefalteten älteren Paläozoikum der Grauwackenzone auf; sie bezogen daraus ihr Material.

Kalkalpine Schichtglieder 15

Das weiche evaporit-(Anhydrit, Gips, Salz)führende, tonig-brekziöse *Haselgebirge* ist vor allem im Bereich des Tiefjuvavikums verbreitet, in der Zone Hallein-Berchtesgaden und im Bereich des Lammertales. Es wird seit prähistorischer Zeit bergmännisch genutzt und hatte für die Hallstätter Kultur Bedeutung. Abgelagert wurde es durch Eindampfung eines hypersalinaren Meeres in sanften Meerespfannen. Gleichzeitig erfolgte eine Sedimenteinschüttung. Der Anhydrit ist nahe der Oberfläche durch Wasseraufnahme größtenteils in Gips umgewandelt, das Salz weitgehend ausgelaugt.

Gelegentlich im Haselgebirge aufzufindende basische Eruptiva (Diabas, Serpentinit) sind als Reste eines synsedimentären basischen Initialvulkanismus zu werten.

3.3.2 Trias

Mit der langsamen Absenkung des eingeebneten variszischen Gebirges wurden in langgezogenen Becken und Schwellen bis zu 5000 m mächtige triadische Sedimente abgesetzt, die gegen Süden allmählich ihren randalpinen Einfluß verlieren. Die Meerestiefen dürften 200 m kaum überschritten haben. Die erst dunklen Sedimente machen mit der Absenkung des Schelfbereiches in der Mitteltrias hellen Riff- und Rückriffbildungen Platz. Nach dem zu Beginn der Obertrias, im Karn erfolgten Meeresrückzug setzt eine neuerliche Absenkung mit vehementer Sedimentanhäufung ein. Sowohl in der Mitteltrias als auch in der Obertrias sind die Ablagerungen vom Süden nach Norden dem Vorriff-, dem Riff- und dem Rückriff- oder Lagunenbereich zuzuordnen.

Die triadischen Ablagerungen können der Hauptdolomitfazies, der Dachsteinkalkfazies oder der Hallstätter Fazies zugewiesen werden. So gehören die triadischen Ablagerungen des Bajuvarikums und des Nordteiles des Tirolikums (Schafberggruppe, Nordteil Osterhorngruppe) zur Hauptdolomitfazies, der Südteil des Tirolikums (Südteil der Osterhorngruppe, Göll, Hagengebirge, Hochkönig, Tennengebirge) und das Hochjuvavikum (Gamsfeldmasse, Dachstein, Untersberg) zur Dachsteinkalkfazies; das Tiefjuvavikum der Hallein-Berchtesgadener Zone, der Lammermasse und des Zwieselalmgebietes ist charakterisiert durch

Gesteine im Raum der Salzburger Kalkalpen

Tabelle 2 — DIE SCHICHTGLIEDER IM KALKALPENGEBIET

Formation		Stufe	Wolfgangseefenster		Hauptdolomitfazies			Dachstein-kalkfazies
					Bajuvarikum		Tirolikum	
			Ultrahelvetikum	Flyschserie (Penninikum)	Tief-bajuvarikum	Hoch-bajuvarikum	Schafberg-Schuppe	Osterhorn-Schuppe und W der Salzach
ALT-TERTIÄR		Eozän	bunte Tone, Tonmergel					
		Paleozän	rötliche					
KREIDE	ober	Maastricht	und weißlich-graue Mergel (Buntmergelserie)	bunte Flyschschiefer	Cenomankgl. (Randcenoman)	graue Mergel u. Sandsteine (Gosauablagerungen)	Nierentaler Schichten (Campan–Maastricht) fossilreiche graue Mergel u. Sandsteine Rudistenkalk, Konglomerat u. Brekzie (Coniac–Santon)	
		Campan						
		Santon						
		Coniac						
		Turon		Reiselsberger Sandstein		Mergel		
		Cenoman						
	unter	Alb	gefleckte Mergel	Gaultquarzit u. -sandstein etc.		Mergel		Grabenwaldschichten
		Apt						
		Barrême	Sandsteinbank (Klippenserie)	graue schiefrig-plattige Mergel		Kalke		?
		Hauterive						Roßfeldschichten
		Valendis						Schrambachschichten
		Berrias						
JURA	Malm	Tithon	roter Kalk und Radiolarit mit Eruptiva				Plassenkalk Wechselfarbiger Oberalmer Kalk	Toniger und Wechselfarbiger Oberalmer Kalk
		Kimmeridge						
		Oxford					bunte Kiesel- u. Radiolaritschichten (Malmbasisschichten, Tauglbodenschichten)	
	Dogger	Callov					roter Knollen-(Klaus)Kalk	
		Bathon						
		Bajoc						
		Aalen						
	Lias	Toarc				Crinoidenkalk	roter Liaskalk	Adneter Kalk / Fleckenmergel und Spongienkalk
		Pliensbach						
		Sinemur					Spongien- / Hierlatzkalk / Beinsteinkalk	
		Hettang						Kendlbachschichten
TRIAS	ober	Rhät				Plattenkalk	Kössener Schichten	Dachsteinriffkalk Kössener Schichten
		Nor				Hauptdolomit	Plattenkalk Hauptdolomit	Dachsteinkalk
		Karn					Raibler Schichten	
	mittel	Ladin					Wettersteinkalk Wettersteindolomit	
		Anis					Gutensteiner Kalk Reichenhaller Kalk	
	unter	Skyth					Werfener Schichten	
PERM							Haselgebirge + Gips	

Kalkalpine Schichtglieder

ZWISCHEN DEN MERIDIANEN KÖNIGSSEE UND GOSAU

Tirolikum	Dachsteinkalkfazies „Hochjuvavikum"			Hallstätter Fazies mergelreich / kalkreich „Tiefjuvavikum"	
Tennen- und Hagengebirge Hochkönig Werfener Schuppenland (+ Hallstätter Fazies)	Berchtesgadener Decke am Untersberg	Dachsteindecke (Gamsfeld- und Dachsteinmasse)	Lammermasse Göll-Schwarzen-bergmasse / Lammer-Zwieselalm-gebiet	Hallstätter Zone Hallein–Berchtesgaden
	Mergel, Sandstein, Brekzie (Eozän)	Zwieselalmschichten (Obermaastricht–Untereozän)			
Nierentaler Schichten (Campan–Maastricht)				
fossilreiche graue Mergel u. Sandsteine, Rudistenkalk, Konglomerat u. Brekzie (Coniac–Santon)				
	roter kieseliger Sandkalk	Plassenkalk		
Strubberg-schichten				
Klauskalk				
Crinoiden-Plattenkalk				
Adneter Allgäu-				
Kalk schichten				
Hierlatz-kalk Hornsteinknollenkalk	bunter Liaskalk u. Hierlatzkalk	bunter Liaskalk Allgäu-schichten		
Dach- Dachstein- steinkalk riffkalk	↑ bunter Rhätkalk Dachsteinriffkalk u. gebankter Dachsteinkalk (mächtig!)	Dachstein-riffkalk	Zlambachmergel	
Hauptdolomit Opponitzer Dolomit Raibler Schichten Hornsteinknollenkalk Hallstätter Buntdolomit	Raibler Dolomit Dachsteindolomit Carditaschichten	Dachstein-dolomit Pedata-u. Pötschenkalk Cidariskalk Halobien-schiefer kieseliger Dolomit	bunter u. heller Hallstätter Kalk ← Draxlehner Kalk Halobienschiefer bunter Hallstätter Kalk	
Wettersteindolomit u. -kalk Reiflinger Kalk Gutensteiner Kalk u. Dolomit	Ramsau-(Wetterstein)dolomit örtlich Wettersteinkalk Gutensteiner Kalk-Basisschichten Reichenhaller Schichten	Wettersteindolomit Gutensteiner Schichten	Wetterstein-(Zill-)Kalk Schreieralmkalk ↓	
Werfener Schichten ↓				
Mitterbergschichten Fellersbachschichten	Haselgebirge + Gips			

die Hallstätter Fazies. Im Bereich der Hauptdolomitfazies kommen der Hauptdolomit, der Plattenkalk und die Kössener Schichten besonders zur Entwicklung, in der Dachsteinkalkfazies der mächtige Dachsteinkalk und Dachsteinriffkalk.

Die im allgemeinen durch reiches Haselgebirge ausgezeichnete Hallstätter Fazies ist im Bereich Salzburgs zu gliedern:

1. in die kalkreichere Fazies im Bereich der Hallein-Berchtesgadener Hallstätter Zone und der Schollen östlich von Golling mit mitteltriadischen Kalken und Dolomiten in Normalfazies, Lercheckkalk (Oberanis), karnisch-norischen Hallstätter Kalken, Zlambachmergel und

2. in die mergelreiche Fazies im Lammer-Zwieselalmgebiet, Blühnbachtal und Werfener Schuppenzone mit Reiflinger Kalk, dunklem, kieseligen Dolomit, schiefrigem Karn, Pötschenkalk, Pedatakalk und Zlambachschichten. Auch obertriadische Hallstätter Kalke treten in diesem Faziesbereich gelegentlich auf.

Die unter Punkt 1 genannte kalkreiche Fazies steht der Salzbergfazies des steirisch-oberösterreichischen Salzkammergutes nahe; die unter Punkt 2 genannte mergelreiche Fazies entspricht der Zlambachfazies desselben.

3.3.2.1 Untertrias

Die in einem seichten Wattenmeer bei heißem, trockenen Klima abgesetzten Werfener Schichten bestehen aus einer an Übergängen und Wechsellagerungen reichen Schichtfolge von Quarziten, Sandsteinen, Schiefern und Kalken. Die graugrünen, massigen Quarzite sind für die Werfener Schuppenzone bezeichnend. Den Hauptbestandteil der Werfener Schichten bilden die bis zu einige 100 m mächtig werdenden bunten, grauen, grünen, violetten bis rötlichen, glimmerreichen Tonschiefer. Erst im Hangendniveau der Werfener Schichten nimmt die Karbonatsedimentation zu; der ursprüngliche Festlandeinfluß entschwindet allmählich.

Für das Unterskyth (Seis) ist die Muschel *Claraia clarai* (EMMRICH) bezeichnend und für das Oberskyth (Campil) z. B. die Muschel *Costatoria costata* (ZENKER).

Bemerkenswert ist im Hangendgrenzbereich der Werfener Schichten die Eisenspatvererzung bei Werfen und am Ostende des Tennengebirges (Hefenscher, Gwechenberg, Digrub). Neben den Eisen-Magnesiumhaltigen Karbonaten sind u. a. auch Eisenglanz, Kupferkies und Fahlerz enthalten.

3.3.2.2 Mitteltrias

Im Skyth-Anis Grenzbereich beginnt im salinaren Milieu eines flachen Schelfmeeres der Karbonatabsatz mit der Bildung der *Reichenhaller Schichten*. Zu diesen gehören die gelblichbraune Reichenhaller Rauhwacke, die Reichenhaller Brekzie und die dunklen, dünnschichtigen, zum Teil crinoidenführenden, dolomitischen oder sandig-mergeligen Reichenhaller Kalke. Der myophorien- und gervillienführende, ca. 50 m mächtige Reichenhaller Dolomit des Untersberges ist kalkig-kieselig, bituminös und weist dünne Glanzschiefer-Zwischenlagen auf.

Über diesen Reichenhaller Schichten folgt der vorwiegend dunkle und bituminöse, dünnbankige *Gutensteiner Kalk* (-Anis). Er setzt mit einem ca. 10 m mächtigen Paket dünnbankiger, gebänderter, von wurmförmigen Grabgängen erfüllter Kalke („Wurstelkalk") mit dunklen Tonschieferzwischenlagen ein. Gegen das Hangende wird er massiger und zeigt keine Schiefer-Zwischenlagen. Gelegentlich erkennt man einen seitlichen Wechsel in den Gutensteiner Dolomit. Das in einem seichten, sauerstoffarmen Meeresbecken gebildete Sediment führt Rundstiel-Crinoiden, Muschelreste und Conodonten des Skyth-Anis.

Der dunkelgraue *Gutensteiner Dolomit* (Anis) erlangt im Bereich Buchbergriedl/Riedlkar einige 100 m Mächtigkeit. Am Arlstein bei Abtenau bestätigt sich im crinoidenstielreichen Dolomit (Trochitendolomit), daß der Dolomit durch Dolomitisierung aus einem Kalkschlamm hervorgegangen ist. Im östlichen Zwieselalmgebiet setzt der Dolomit über einem geringmächtigen Gutensteiner Kalk ein und zeigt einen raschen Wechsel von bituminösem Bankdolomit zu hellem Massendolomit.

Steinalmdolomit (wahrscheinlich Pelson/Illyr) wird der anisische

Wettersteindolomit genannt, ein massiger, zuckerkörniger, heller bis fast weißer Dolomit, wie er am Buchbergriedl und am Riedlkar auftritt. Er führt die Alge *Physoporella pauciforata* (GÜMBEL). Die seitliche Verzahnung mit dem *Steinalmkalk*, dem anisischen Pendant des Wettersteinkalkes (mit *Physoporella pauciforata* (GÜMBEL), *Diplopora annulata* SCHAFHÄUTL), verweist auf die syndiagenetische Dolomitisierung. Der Algenkalk ist massig, feinkörnig und fast weiß. Im Bereich der Hallein-Berchtesgadener Hallstätter Zone führt er die Bezeichnung „Zillkalk".

Buntdolomit (Anis-?Ladin) ist aus dem Dachstein-Randgebiet bekannt. Es ist ein grobgebankter, grobkörniger, kieseliger, klotzig verwitternder Dolomit, der durch bunte Toneinmengungen ausgezeichnet ist.

Über dem Steinalm-(Zill-)Kalk liegt stratigraphisch der *Schreieralm-* oder *Lercheckkalk* (Mittelanis-Unterladin); er leitet in der Trias die bunte Hallstätter Kalkentwicklung ein und stellt ein durch Kalkmangelsedimentation kondensiertes, an die tiefere See gebundenes Schichtglied dar. Aus diesem hellbraungrauen bis dunkelbraunen, rot geflammten und knolligen, dezimeter- bis metergebankten Gestein entstammen z. B. die Ammoniten *Paraceratites trinodosus* (MOJSISOVICS) und *Flexoptychites flexuosus* (MOJSISOVICS) sowie Brachiopoden. Die aus dem Gestein zu lösenden Conodonten erlauben eine feinstratigraphische Einstufung.

Reiflinger Schichten (Anis, Ladin, Cordevol), bestehend aus wenige 10 m mächtigen, dünnbankigen, mehr oder minder hellgrauen, dichten, muschelig brechenden, hornsteinführenden Kalken mit welligen Schichtflächen und gelblich- bis grünlichgrauen Mergelschiefer-Zwischenlagen sind am Bau des Tennengebirges, insbesondere aber an jenem des Zwieselalm-Riedelkargebietes beteiligt. Sie finden sich dort zwischen dem Steinalm- bzw. auch Buntdolomit im Liegenden und den karnischen Ablagerungen im Hangenden. Zu den Reiflinger Schichten dieses Gebietes gehört auch der ebenso hornsteinführende, jedoch grobbankige, bräunlichgraue *Reiflinger Dolomit*. Mit ihrer Makro- und Mikrofauna stellen die Reiflinger Schichten ein typisches Sediment der marinen Beckenfazies dar; sie beinhalten z. B. den Ammoniten *Paraceratites trinodosus* (MOJSISOVICS) und die Muschel

Daonella lommeli (WISSMANN), Conodonten, Schwebcrinoiden und Holothurien.

Einen wesentlichen Baustein bildet der wenige 100 m mächtige, vielfach zuckerkörnige, massige *Wettersteinkalk* (Anis-Ladin-Cordevol), der seine Entstehung den Algenansiedlungen mit *Diplopora annulatissima* PIA, *D. annulata* SCHAFHÄUTL, *Physoporella pauciforata* (GÜMBEL) und *Teutloporella herculea* (STOPPANI) verdankt. Am Nordrand der Kalkalpen bildet er schroffe Wände. Durch Zufuhr von Magnesiumkarbonat kam es zur Bildung eines bis über 500 m mächtigen *Wettersteindolomites* (Anis-Ladin-Cordevol).

3.3.2.3 Obertrias

Zu den *Raibler Schichten* (Karn) zählen schwarze, feinglimmerige Tonschiefer (Reingrabener Schiefer) und quarz-feldspat (Plagioklas-)reiche feinkörnig-tonige, z. T. pflanzenhäckselführende Sandsteine. Am Schafberg wechsellagern sie gegen das Hangende mit dezimetergebankten Mergelkalken.

In der Gamsfeldmasse sind die Raibler Schichten durch feinglimmerige, mergelige Tonschiefer, ockerfarbige bis rötliche Sandsteine (Quarz-Feldspat-Arenite) und eisenschüssige Oolithe vertreten, deren Mächtigkeit kaum 20 m übersteigt.

Zu den bekanntesten Leitfossilien der Raibler Schichten gehören die Muschel *Halobia rugosa* GUEMBEL und der Ammonit *Carnites floridus* (WULFEN). Im Mergelkalk des Schafberges (Eisenauer Alm) tritt u. a. zahlreich die Muschel *Ostrea* (*Alectryonia*) *montis caprilis* (KLIPSTEIN) auf. Zu den fossilen Pflanzenresten zählt *Equisetites columnaris* STERNBERG.

Mit den vom Norden kommenden Sandschüttungen der Raibler Schichten wurden die Riff- und Lagunensedimente der Mitteltrias zugedeckt. Erst mit den Karbonaten des Oberkarn zeichnet sich die folgende zweite triadische Absenkung ab.

Hauptgesteinsbildner in den Nördlichen Kalkalpen, so auch im Anteil Salzburgs, sind der Hauptdolomit und Dachsteindolomit einerseits, der Platten- und Dachsteinkalk andererseits. Der bis 2000 m Mächtigkeit erlangende *Hauptdolomit* (Karn-Nor), ein bräunlichgraues, klüftiges, gut gebanktes Gestein, ist aus einem bituminösen Schlick hervorgegangen, der in einem sehr seichten Lagunenteil, weit nördlich des Riffgürtels, abgesetzt und frühdiagenetisch in Dolomit umgewandelt wurde. Fossilien wie die dickschalige Muschel *Megalodus triqueter dolomiticus* FRECH, die Schnecke *Worthenia solitaria* (BENECKE), Algen, Foraminiferen oder Vertebratenreste sind relativ selten.

Das helle, vor allem im Bereich der Dachsteindecke vorkommende Äquivalent des Hauptdolomites ist der *Dachsteindolomit*.

Durch Wechsellagerung geht im Bereich der Hauptdolomitfazies der Hauptdolomit hangend in den deutlich gebankten, glattflächigen, bräunlichgrauen *Plattenkalk* (Nor-Rhät) über. Der mit dem Plattenkalk artverwandte *Dachsteinkalk* (Nor-Rhät) ist das tragende Gestein der hochalpinen Plateauberge. Bezeichnend sind innerhalb der oft dickbankigen, hellbräunlichgrauen gebankten Dachsteinkalke die im zeitweise überfluteten Wattbereich entstandenen Kalk-Dolomit-Millimeter-Rhythmite (Loferite) und der Gehalt an der dickschaligen rhätischen Muschel *Conchodus infraliasicus* STOPPANI. In z. T. oolithisch ausgebildeten Bänken sind Foraminiferen zahlreich (z.B. *Glomospirella friedli* KRISTAN-TOLLMANN und *Triasina hantkeni* MAJZON).

Der bis über 1000 m mächtig werdende *Dachsteinriffkalk* (Nor, Rhät) wurde im Riffbereich zwischen der Lagune und der offenen See gebildet und tritt deshalb gegen den Südrand der Kalkalpen in Erscheinung. Entsprechend seiner Entstehung ist er reich an riffbildenden und -behausenden Fossilien (Korallen, Kalkschwämme, Muscheln, Schnekken, Algen, Hydrozoen und Foramninferen etc.). In der Osterhorngruppe gehören das bis 150 m mächtige Feichtensteinriff, das ebenso kilometerlange Riff der Röthelwand bei Hallein oder der Riffkalk bei Adnet zum Typus des *oberrhätischen Riffkalkes*. Die in den Kössener Mergeln und Mergelkalken der Osterhorngruppe gelegenen Korallenkalklinsen (Bioherme) führen nach ihrem Gehalt an *Thecosmilia fenestrata* (REUSS) den Namen Thecosmilienkalk oder Kössener Korallenkalk. Das wandbildende Gestein des Feichtensteinriffes löst die Kössener Schichten in ihrem Hangendniveau seitlich ab und wird vom Lias überlagert. Am Südrand des Tennengebirges vertritt der Rhätriffkalk den gebankten norisch-rhätischen Dachsteinkalk zur Gänze. Der Gosaukamm ist aus Riffkalk, das benachbarte Dachsteinmassiv aus einem lagunären gebankten Dachsteinkalk aufgebaut.

Der bis 200 m mächtige, schillreiche Schlamm der *Kössener Schichten* (Rhät) wurde mitsamt den obgenannten Riffkalklinsen in einem nördlich der großen Dachsteinkalkplattform gelegenen, seichten Meeresraum abgesetzt. Es sind fossilreiche, mergelige Kalke, Kalkmergel und Mergel mit Brachiopoden (z.B. *Rhaetina gregaria* (SUESS)) und Muscheln wie *Rhaetavicula contorta* (PORTLOCK). Das Zonenfossil des höheren Rhät, der Ammonit *Choristoceras marshi* (HAUER), findet sich allerdings selten.

Der im Tiefjuvavikum des Salzkammergutes verbreitete *Hallstätter Kalk* (Karn-Nor) ist dicht, feinkörnig, fleischrot, seltener weiß bis gelblich, massig bis grob gebankt, selten dünnschichtig und knollig-flaserig. Seine Sedimentation erfolgte südlich des Riffes der Karbonatplattform, auf Schwellen eines tieferen, offenen Meeres respektive in kanalförmig in die Plattform eingreifenden, von Riffen und Lagunen gesäumten Buchten. Das Gestein weist eine durch Kalkmangelsedimentation hervorgerufene Kondensation und gangförmig durchschlagende, jüngere Spaltenfüllungen auf. Man darf annehmen, daß die Tiefschwellenbildung auf den Salzauftrieb (Diapirismus) des unterlagernden oberpermischen Haselgebirges zurückzuführen ist; er wirkte der Absenkung entgegen und verursachte die Spaltenbildung.

Bezeichnend für den Hallstätter Kalk ist der durch die Kalkmangelsedimentation verursachte Fossilreichtum, so an Ammoniten, Brachiopoden, Muscheln und Mikrofauna. Die Unterscheidung zwischen einem karnischen und einem norischen Hallstätter Kalk läßt sich meist nur durch den Fossilinhalt treffen. Ein gutes Beispiel für den *karnischen Hallstätter Kalk* besteht am Rappoltstein NW Hallein, wo eine reiche karnische Ammonitenvergesellschaftung mit *Tropites subbulatus* (HAUER), *Hannaoceras* (*Sympolycyclus*) div. sp., *Tropiceltites*, *Arnioceltites* etc. vorliegt.

Die knollig-flaserige, jaspisführende Fazies des karnischen Hallstätter Kalkes (Tropitesschichten) führt die Bezeichnung *Draxlehner Kalk*. Auch im norischen Hallstätter Kalk kommt diese Fazies vor; lediglich die Jaspisführung fehlt hier.

Auch der *norische Hallstätter Kalk* ist reich an Fossilien. Er führt Ammoniten zahlreicher Gattungen wie *Megaphyllites insectus* MOJSISOVICS, *Pinacoceras parma* MOJSISOVICS, *Rhacophyllites debilis* (HAUER), Arten der Gattungen *Proclydonautilus, Sibirites, Halorites, Juvavites, Arcestes* etc., Brachiopoden, die Muschel *Monotis salinaria* (SCHLOTHEIM) und die kugelförmige Hydrozoe *Heterastridium conglobatum* REUSS.

Gemeinsam mit den Pötschenkalken und den Zlambachmergeln bilden die *Pedataschichten* (Nor) typische Schichtglieder der mergelreichen Beckenfazies der Hallstätter Entwicklung. Es sind graue bis bräunlichgraue, zentimeter- bis dezimetergebankte Kalke, die massenhaft die Muschel *Halorella pedata* (BRONN) und auch eine reiche Mikrofauna führen. Zu diesem im Lammer- und Zwieselalmbereich verbreiteten Schichtglied gehören auch sandige, hornsteinführende Kalke und Dolomitpartien (Pedatadolomit). Der östlich von Golling, östlich von Abtenau und in der Seenfurche der Gosauseen entwickelte *Pötschenkalk* (Nor) ist grau, dezimetergebankt, dicht bis feinkörnig und hornsteinführend. Sein Alter ist belegt durch Ammoniten, durch die Muscheln *Halobia styriaca* MOJSISOVICS, *Monotis salinaria* (SCHLOTHEIM), *Monotis haueri* (KITTL) und durch Conodonten.

Als höchstes Schichtglied der Hallstätter Entwicklung sind die *Zlambachschichten* (Rhät) anzuführen; es sind dunkel gefleckte, hellgraue, weiche Mergel mit dezimetermächtigen, grauen Mergellagen und brekziösen, kieseligen Kalklagen (Grünbachgraben), die gegen das Hangende in dunkelgraue, kieselige Mergel und mergelige Sandsteine übergehen (Hallein) oder weiche Tone und Mergelschiefer, die mit dünnen Fleckenmergelbänken und dunklen Biogenschuttkalken wechsellagern (Donnerkogel). An Makrofossilien sind Ammoniten z.B. *Choristoceras haueri* MOJSISOVICS, Muscheln und Korallen, an Mikrofauna zahlreiche Foraminiferen und Ostrakoden enthalten.

3.3.3 Jura

Im Jura kam es zu einer weiteren und schnelleren, in sich differenzierten Absenkung der Karbonatplattform und es wurden entsprechend den sehr unterschiedlichen Hebungs- und Senkungsakten auch sehr unterschiedliche Sedimente gebildet. Bis zum mittleren Jura wurden die schon in der Obertrias geschaffenen submarinen Mulden- und Schwellenzonen gut ausgestaltet. Im Bereich der E-W streichenden Becken kamen vorwiegend kieselig-tonige Sedimente zum Absatz, im Bereich der Tiefschwellen bunte, fossilreiche Kalke. Liassische Hohlraum-(Spalten-)Füllungen in obertriadischen Gesteinen verweisen auf die zur Altkimmerischen Phase erfolgte Zerrtektonik. Riff- und Riffschuttbildungen in oberjurassischen Aufwölbungsbereichen stehen den Trübe- und Schlammstromsedimenten (Turbidite, Olisthostrome) sowie den Gleitschollen (Olistholithe) gegenüber, wie sie als Folge der Jungkimmerischen Phase im oberjurassischen Tiefwasserbereich gebildet wurden.

3.3.3.1 Lias

Entsprechend der morphologischen Differenzierung der Sedimentationsbasis kam es im unteren Jura zur Ausbildung zahlreicher, verschiedener Schichtglieder und zeigen sich zwischen ihnen häufig Schichtlücken durch Sedimentationsausfall. Im tieferen, wenig bewegten Meeresraum wurden die zur Beckenfazies gehörenden Sedimente der Allgäuschichten (Liasfleckenmergel) und des Hornsteinknollen-(Scheibelberg-)Kalkes bzw. auch des Liasspongienkalkes abgesetzt.

Die *Allgäuschichten* sind in den Salzburger Kalkalpen durch die bis ca. 200 m mächtigen Liasfleckenmergel vertreten. Es sind hell- bis dunkelgraue, teilweise kieselige, gefleckte Mergel, die im Schafberggebiet nur stellenweise von den *Liasspongienkalken* zu trennen sind.

Die *Fleckenmergel*, die in der nördlichen Osterhorngruppe im Liegenden der bunten Liaskalke verbreitet sind, treten im übrigen Bereich der Osterhorngruppe im Hangenden der *bunten Liaskalke* auf; sie können nach ihrem Fossilinhalt alle Niveaus der bunten Liaskalke einnehmen. Die Entstehung der dunklen Flecken wird auf Wurmgrabgänge und darin angehäufte organische Substanz zurückgeführt. Obwohl ein sauerstoffarmes Milieu bestand, sind die Fleckenmergel relativ fossilreich.

Der Liasspongienkalk der Schafberggruppe führt neben den ausgewitterten Kieselspongien die vielfach eingekieselte, mittelliassische Brachiopodenform *Cirpa briseis* (GEMMELARO) und die unterliassische Ammonitenform *Schlotheimia marmorea* OPPEL.

Ebenso reich an Schwammnadeln ist der nur ca. 7 m mächtige unterliassische *Hornsteinknollenkalk* der nördlichen Osterhorngruppe. Er ist grau, dezimetergebankt und knollig.

Ein fast weißer, *körniger Massenkalk* (Rhät) und ein körniger *Crinoiden-Brachiopodenkalk* oder *Hierlatzkalk* (Lias) bilden, eng miteinander verknüpft, die Gipfelzone des Schafberges und den Sparbergipfel und sind damit auf das Schafberg-Tirolikum beschränkt. Der helle, dickbankige Massenkalk führt am Sparbergipfel Foraminiferen (z. B. *Triasina hantkeni* MAJZON, *Permodiscus* sp.) und Algen; der bioklastische, aus Seelilienstielgliedern aufgebaute, spätige, rötliche Kalk am Schafberggipfel (Spinnerin) und am Sparbergipfel enthält liassische Brachiopoden (z. B. *Lobothyris punctata* (SOWERBY), *Cirpa* sp., *Spiriferina* sp., *Zeilleria mutabilis* (OPPEL) und *Prionorhynchia greppini* (OPPEL).

Das Sediment kam im Hangenden der triadischen Plattform und in deren Zerrspalten zum Absatz; es ist bei stärkerer Wellenbewegung zu Beginn der jurassischen Absenkung entstanden.

Eine ähnliche stratigraphische Stellung wie der Crinoiden-Brachiopodenkalk hat der hellbraune oolithische *Beinsteinkalk* (Lias) des Beinsteinkogels NW St. Wolfgang und nahe dem Schwarzensee-Südwesteck.

In der nördlichen Osterhorngruppe setzt die Liassedimentation mit den *Kendlbachschichten* ein, ein aus den liegenden Kössener Schichten hervorgehendes, maximal 8 m mächtiges Schichtglied, in dessen fraglich liassischem Liegendteil bläulichgraue, dezimetergebankte, sandige Mergelkalke mit ebenso dezimetergebankten, weichen grauen Mergeln wechsellagern und in dessen sicher liassischem Hangendteil dezimeter- bis halbmetergebankte, graue, glaukonitische, kieselig-sandige Mergel auftreten. Der Liegendteil führt Bivalven, Echinodermenreste, Foraminiferen und Ostrakoden, der Hangendteil die Muschel *Lima* (*Plagio-*

stoma) und Ammoniten des Lias α (z. B. *Psiloceras (Discamphiceras) megastoma* (GÜMBEL)).

Besonders markant treten innerhalb der Liasablagerungen die *Rotkalke* in Erscheinung, Gesteine die ähnlich jenen der Hallstätter Fazies auf in tiefem Meer gelegenen Schwellen (Tiefschwellen) abgelagert wurden und deren Rotfärbung durch die Eisenoxydanreicherung bei Kalkmangelsedimentation zu erklären ist. Der aus dieser Kondensation hervorgehende Rotkalk ist reich an Fossilien.

Die Rotkalksedimentation beginnt im Jura im allgemeinen mit dem zumeist nur bis zu wenige Meter mächtigen, rötlichbraun bis ocker gefärbten *Enzesfelder Kalk* des tiefen Lias (Hettang, Sinemur). Er führt z. B. die Ammoniten *Psiloceras planorbis* (SOWERBY), *Coroniceras rotiforme* (SOWERBY), *Schlotheimia marmorea* (OPPEL).

Größte Bedeutung unter den Rotkalken hat der rote, knolligflaserige, bis zu wenige Zehnermeter mächtige *Adneter Kalk*, dessen Alter unter- bis oberliassisch sein kann. Zu seiner Ammonitenfauna gehören die an verschiedene Liaszonen gebundenen Formen *Schlotheimia angulata* (SCHLOTHEIM), *Arietites bucklandi* (SOWERBY), *Amaltheus margaritatus* MONTFORT, *Hildoceras bifrons* BRUGUIÈRE, *Dumortieria meneghini* (HAUER) aus der Typuslokalität Adnet. Vom Breitenberg sind u. a. Formen der Gattungen *Arietites, Arnioceras, Asteroceras* und *Phylloceras*.

Die knollige Struktur und die folgende Verflaserung des Gesteines wird durch das gravitative Gleiten im früh- bis spätdiagenetischen Zustand erklärt. Auch eine teilweise Wiederauflösung des Kalkes kann dafür verantwortlich gemacht werden. Liassische Kalke mit bis über faustgroßen Mangan-Eisenkollen sind unter Mitwirkung von Bakterien und Algen bei längerer Sedimentationspause entstanden.

Wie der Hierlatzkalk so findet sich auch der bunte Rotkalk (Cephalopodenkalk) häufig in synsedimentär gebildeten Spalten des Dachsteinkalkes. Der sedimentärbrekziöse Mittelliaskalk N des Schwarzensees („Schwarzenseer Marmor") weist gerundete Komponenten aus roten Liaskalken, Crinoidenkalk, Spongienkalk und Rhätkalk auf.

Im höheren Lias kamen auch ziegelrote, mürbe, plattig-schiefrige, fossilreiche Mergel mit eingeschalteten roten, flasrigen Knollenkalklinsen, die Saubachschichten, zum Absatz. Sie weisen einen vom Flachwasserbereich eingebrachten Biogengehalt auf.

3.3.3.2 Dogger

Die Ablagerungen des mittleren Jura (Dogger) entsprechen faziell jenen des Lias; es sind Fleckenmergel und Rotkalke. Auch aufgrund von Sedimentationslücken sind sie selten nachzuweisen. Der *Klauskalk*, ein flaserig-knolliger, dunkelroter Kalk, ist durch seine Manganoxydhäute und -knollen bekannt sowie durch die feinen, in ihm auftretenden Schälchen der Muschel *Bositra buchi* (RÖMER) („Filamentkalk"). Bekannte Ammonitenformen daraus sind *Parkinsonia convergens* (BUCHMANN), *Zigzagiceras crassizigzag* (BUCHMANN), *Sowerbyceras (Holcophylloceras) zsigmondianum* ORBIGNY u. a.

3.3.3.3 Malm

Mit Beginn des Oberjura (Malm) kam es im Sedimentationsraum des Oberostalpins zur größten Absenkung des Meeresbodens. Bereits gefaltete Gesteine zeigen sich diskordant von oberjurassischen Sedimenten überlagert. Die vom Festland abgetragenen Sedimente schwebten auf kurze oder auf lange Strecke im Meer, so daß man Sedimente der Kurz- und der Langschwebfazies unterscheiden kann. Ersteren gehören die Seichtwassersedimente des Plassenkalkes, letzteren die Kiesel- und Radiolaritschichten (Ruhpoldinger Schichten) und die Tonigen Oberalmer Kalke zu. In beiden Faziesbereichen beginnt die Malmsedimentation mit den im tiefen Wasser abgesetzten *Kiesel- und Radiolaritschichten (Ruhpoldinger Schichten*; Oxford). Während sie an der Basis des Plassenkalkes nur sehr geringmächtig entwickelt sind, erlangen sie im Liegenden der „Tonigen Oberalmer Kalke" große Mächtigkeit. Die am Schafberg und in der nördlichen Osterhorngruppe auftretenden, aus einem Basisradiolarit sowie aus grünlichen und rötlichen kieseligen, plattigen Mergeln, geringmächtigen Feinklastikalagen und Brekzienlinsen bestehenden, bis ca. 200 m mächtigen Ruhpoldinger Schichten führen die Bezeichnung *Malmbasisschichten*, die in der Mittleren und

Südlichen Osterhorngruppe verbreiteten, bis 350 m mächtigen Ruhpoldinger Schichten die Bezeichnung *Tauglbodenschichten*. Diese weisen neben den kieseligen Mergeln und Feinklastikalagen einige Radiolaritlagen und weit anhaltende Brekzien-(Olisthostrom-)Lagen mit bis hausgroßen Schollen (Olistholithe) auf. Es handelt sich bei den Kiesel- und Radiolaritschichten (Ruhpoldinger Schichten) um z.T. durch Trübeströme entstandene Sedimente (Turbidite). Gegen Süden verzahnen sie sich mit dem *Basiskonglomerat der Oberalmer Schichten* (Untermalm), das am Rande jener Schwelle abgesetzt wurde, von der aus es zu den Turbidit- und Gleitvorgängen gekommen ist.

Aus den Ruhpoldinger Schichten wurde nur ein Ammonit (*Ataxioceras* sp.) bekannt und aus einem seitlich daraus hervorgehenden bunten, plattigen Mergelkalk am Maadgraben *Punctaptychus punctatus* (VOLTZ) und *Lamellaptychus rectecostatus* (PETERS). Unter den Mikrofossilien hat neben den Radiolarien die Nannoflora Bedeutung. Einzelne Kalkeinschaltungen führen Fossilmaterial, das vom Flachwasserbereich eingebracht wurde (Dasycladaceen, Codiaceen, Foraminiferen).

Hangend ist der massige, helle, felsbildende *Plassenkalk* (Oxford/Kimmeridge/Tithon/Berrias) ausgebildet. Das im geschützten Flachwasserbereich abgelagerte Sediment kann feinkörnig (mikritisch) bis spätig (sparitisch) oder, bei Algenumkrustung seiner Bestandteile, auch onkolithisch sein. Ersteres führt Gastropoden (z.B. Nerineen), Korallen, Schwämme, Bryozoen, artenreiche Hydrozoen (Sphaeractinien), Algen (*Thaumatoporella parvovesiculifera* (RAINERI)) und Foraminiferen (*Protopeneroplis striata* WEYNSCHENK). Am leichtesten zu erreichen sind die Plassenkalkvorkommen am Plomberg, Falkenstein, Bürgl, Sparber (Brustwand) und Lugberg.

Als Übergangssediment zwischen Plassenkalk und dem Tonigen Oberalmer Kalk treten am Nordrand der Osterhorngruppe die *Wechselfarbigen Oberalmer Kalke* (Kimmeridge, Tithon/Berrias) auf. Sie sind gekennzeichnet durch ihren größeren Kalkgehalt, den raschen seitlichen Wechsel von grau zu braun oder rötlichbraun und durch ihre Biogenschuttführung und ihre tonigen Kalkzwischenlagen. Auch Barmsteinkalklagen (siehe unten) sind dem Gestein eingeschaltet. An Fossilien sind daraus neben Aptychen die Ammonitenform *Usseliceras*

(*Subplanitoides*) *schwertschlageri* ZEISS, Algen und Formaminiferen bekannt.

Unvergleichbar weiter verbreitet sind die *Tonigen Oberalmer Kalke* (Kimmerige/Tithon/Berrias); sie nehmen den Großteil der Osterhorngruppe ein und sind auch westlich der Salzach verbreitet. Das bis 800 m mächtig werdende Schichtglied besteht aus dünnbankigen, tonigen, hornsteinführenden, grauen Kalken mit bis über 10 m mächtigen *Barmsteinkalk*-Zwischenlagen. Diese Zwischenlagen kennzeichnen Trübeströme (Turbidite), die aus dem Flachwasserbereich in ein bis 4000 m tiefes Meer abgingen. Wo beiderseits der Salzach Hallstätter Schollenmassen vorliegen, sind die Barmsteinkalke bis ca. 60 m mächtig und zum Teil grobklastisch (Fluxoturbidit/Olisthostrom). Überwiegt der Gehalt an Haselgebirgstonkomponenten, kann man von einer Tonflatschenbrekzie sprechen. Deutlich steht die synsedimentäre Eingleitung der Hallstätter Schollen mit der Ausbildung des Barmsteinkalkes in Beziehung.

Bezeichnend für die Tonigen Oberalmer Kalke ist die reiche Aptychenführung auf den Schichtflächen, die reiche Mikrofauna, bestehend aus Foraminiferen, Calpionellen und die in großer Zahl auftretenden Coccolithen.

3.3.4 Kreide – Alttertiär (bis Eozän)

In der tieferen Unterkreide liegen ähnliche Sedimentationsbedingungen vor wie im Malm; nur gelegentlich sind Diskordanzen zwischen Jura und Kreide zu beobachten. Erst gegen die hohe Unterkreide kommt es zu ausgeprägten Schichtlücken, Diskordanzen und zur Schüttung grober Sedimente, Erscheinungen, die auf die Auswirkung gebirgsbildender Vorgänge hinweisen. Die Voraustrische bzw. Austroalpine Phase führte zur Bildung wildflyschartiger Brekzien- und Scholleneingleitungen. Die vorwiegend klastischen Sedimente der von der Oberkreide (Coniac) bis in das Alttertiär (Eozän) reichenden Gosauablagerungen liegen wegen der vorangegangenen Vorgosauischen oder Mediterranen Phase transgressiv über dem bereits vollzogenen Deckenbau (Tab. 1).

3.3.4.1 Unterkreide

In den bis 150 m mächtigen *Schrambachschichten* des Valendis setzt sich die Sedimentation der vom Kimmeridge bis in das Berrias reichenden Aptychenschichten (= Oberalmer Schichten) mit relativ geringem Faziesunterschied fort. Die i. a. dünnbankigen bis schiefrigen Mergelkalke haben einen etwas höheren Tongehalt als die Oberalmer Kalke, eine leicht grünliche Farbe und sind hornsteinleer. Eine ca. 4 m mächtige, massigere Mergelkalklage, die wegen ihres für die Zementerzeugung idealen Kalk/Ton-Verhältnisses „Portlandzementlage" genannt wird, befindet sich im Hangendniveau der Schrambachschichten. Neben Lamellaptychen führen die Schrambachschichten Ammoniten der Gattungen *Neolissoceras, Olcostephanus, Berriasella, Kilianella, Leopoldia* (*Hoplites*), *Neocomites* sowie Foraminiferen und Radiolarien.

Mit zunehmendem Sandgehalt setzt die Entwicklung der bis über 800 m mächtigen *Roßfeldschichten* (Ob. Valendis/Hauterive) ein, die ihre Verbreitung in der neokomen Roßfeldmulde westlich der Salzach (Typuslokalität) und in der östlich der Salzach gelegenen Weitenaumulde finden. Die Kornvergrößerung gegen das Hangende läßt vermuten, daß es sich um eine gegen Norden vorstoßende Serie einer Tiefseerinnenfüllung handelt. Die *Unteren Roßfeldschichten* (Ob. Valendis/Unt. Hauterive) der Roßfeldmulde bestehen aus sandigen Mergelschiefern und Kalkmergeln, die gegen das Hangende von hornblendereichen Quarzsandsteinen abgelöst werden. Östlich der Salzach, in der Weitenaumulde, sind sie mächtiger und verdrängen mit ihrer siliklastisch-terrigenen Turbiditsedimentation vorübergehend die Schrambachmergel. Sie setzen mit dem hellgrauen, kieseligen Sandkalk bzw. Kieselkalk der 200 m mächtigen *Hochreithschichten* ein, die im Gegensatz zu den hangenden, hornblendereichen Mergeln und Sandsteinen der unteren Roßfeldschichten eine Chromspinell- und Granatvormacht zeigen.

Auch die *Oberen Roßfeldschichten* sind beiderseits der Salzach verschieden entwickelt. Westlich der Salzach sind es kieselige Mergelkalke und turbiditische Sandsteine, welchen gegen das Hangende unter Wechsellagerung Olisthostromlagen eingeschaltet sind. Östlich der Salzach bestehen sie aus kieseligen Mergelkalken und darüber aus Konglomerat-(Olisthostrom-)reichen, mürben Sandsteinen.

Ober Valendis belegen die Ammoniten *Neocomites neocomiensis* D'ORBIGNY, *Olcostephanus astieri* (D'ORBIGNY) u. a., Unter Hauterive Formen der Ammonitengattungen *Crioceratites*, *Olcostephanus* etc.

Am Nordrand der Weitenauer Neokommulde werden die Oberen Roßfeldschichten von den ebenso turbiditisch entstandenen, kohleführenden, sandigen Mergeln der *Grabenwaldschichten* des tiefen Apt überlagert; in ihrem Schwermineralspektrum fehlt Hornblende. Granat, Zirkon und Chromspinell treten in den Vordergrund.

Wenige Meter mächtige, rote, schiefrige Mergel am Übergang der Schrambachschichten zu den Roßfeldschichten führen die Bezeichnung *Anzenbachschichten* (Hauterive).

Ein grünlich- bis gelblichgrauer, ammoniten- und brachiopodenführender Neokomkalk findet sich am Nordrand der Kalkalpen als hochbajuvarischer Anteil. Dem Tiefbajuvarikum zuzuzählen sind dunkle bis rötliche, z. T. gefleckte Kalkmergel des Apt-Alb (*Tannheimer Schichten*) am Nordrand der Schatzwand. Ihr Alter ist durch Foraminiferen belegt.

3.3.4.2 Oberkreide – Alttertiär

In ähnlicher Position wie die Ablagerungen der hohen Unterkreide (Apt-Alb) finden sich am Nordrand der Salzburger Kalkalpen die grauen, sandigen *Cenomanmergel*. Sie führen eine Foraminiferenvergesellschaftung mit *Rotalipora appenninica* (RENZ). Ein zwischen dem Flyschgault und dem Osterhorn-Tirolikum am Rand des St. Gilgener Ultrahelvetikum/Flyschfensters gelegener hüttengroßer Block aus tiefbajuvarischem Cenomankonglomerat („Randcenoman") besteht aus kalkalpinen und exotischen Geröllen, die von einem sandig-kalkigen Bindemittel zusammengehalten werden. In diesem sind altersbelegende Großforaminiferen, die Orbitolinen, enthalten.

Abb. 4. Stratigraphisches Idealprofil durch die Gosauablagerungen von Gosau (nach H. KOLLMANN 1982).

Zwieselalmschichten

Hellgraue-gelbliche Mergel
mit klastischen Bänken

Nierentaler Schichten
Kalkmergel
Roter Mergelkalk

Weißer Mergelkalk

Rote und gelbe Kalkmergel — Belemnitella

Rote Kalkmergel

Ressenschichten

Brekzien
Quarzsandstein
Mergel
(Flyschsedimentation)

Bibereckschichten
Helle, sandige Mergel und Sandstein — Diplacmoceras
Hochmoosschichten   Sandkalkbank — Placenticeras-Fauna
Hofergrabenmergel
Fossilreiche Mergel

Konglomerat, Kalk, Mergel
Fossilreiche Tonmergel und Sandsteine

Texanites quinquenodosus

Grabenbachschichten

Texanites quinquenodosus
Muniericeras
Inoceramus undulatoplicatus

Dunkelgraue Tonmergel

Unterer Korallenhorizont
Streiteckschichten   Actaeonella laevis
Sandige Tone, Sandstein, Konglomerat
Kreuzgrabenschichten

Konglomerat und feinsandiger Ton

Paleozän | Maastricht | Campan | Santon | Coniac? Santon?

Globotruncana elevata

Von besonderer Bedeutung für den Aufbau unseres Kalkalpenabschnittes sind die *Gosauablagerungen*. Ihre vorwiegend klastischen Sedimente wurden im Zuge einer über den Kalkalpenraum greifenden, großen Meeresüberschreitung abgelagert, nachdem dieser durch die kretazischen Gebirgsbildungsphasen bereits weitgehend tektonisch gestaltet war. Wegen des schon bestehenden Reliefs setzte die Gosautransgression unterschiedlich ein und zeigen sich verschieden große Schichtlücken. Auch innerhalb der Gosauablagerungen sind Sedimentationsausfälle zu beobachten; sie sind den Intragosauischen Phasen zuzuschreiben.

Am vollständigsten ist die Gosauserie im Becken von Gosau ausgebildet, der Typuslokalität der Gosauablagerungen. Zu ihrer 2600 m mächtigen Serie gehören einige spezielle Schichtglieder (siehe Abb. 4).

Als weitere bedeutende Gosauvorkommen unseres Raumes sind jene des Ischl-Wolfgangseetales, des Fahrenberggebietes am Nordrand der Gamsfeldmasse, des Strobler Weißenbachtales, des Rigaus und des Radochsberges bei Abtenau anzuführen. Auch hier sind Basiskonglomerate, isolierte Süßwasserkalkvorkommen (NW St. Gilgen und N Strobl) und fossilreiche Mergel und Sandsteine des Coniac-Santon anzutreffen. Letztere entsprechen den Streiteck-, Grabenbach- und Hochmoosschichten des Gosaubeckens. Sie führen Ammoniten der Gattungen *Tissotia*, *Peroniceras*, *Gauthiericeras*, *Barroisiceras* etc. sowie Schnecken, Korallen und Foraminiferen (z.B. *Globotruncana concavata* (Brotzen).

Ein Rudistenriffkalk und -trümmerkalk wie er z.B. im Abtenauer Gebiet am Retschegg und in der Schornmulde, am Plomberg bei St. Gilgen und am Theresienstein bei Strobl auftritt, ist den Biostromeinschaltungen der Hochmoosschichten des Beckens von Gosau gegenüber zu stellen. Graue Mergel und Sandsteine entsprechen hier den Rando- bzw. Bibereckschichten des Gosaubeckens. Zwieselalmschichten sind auch in der Gosaumulde von Schorn und in der Gosaumulde des Rigaus entwickelt; sie reichen hier vom Obermaastricht bis in das Untereozän und führen entsprechende Globigerinen und Globorotalien.

Die Gosauserie des Salzburger Beckens wird eingeleitet mit ca. 50 m mächtigen, fein- bis mittelkörnigen Brekzien (Untersberger Marmor) und durch ammonitenreiche Mergelkalke des Coniac. Darauf liegen die ca. 50 m mächtigen foraminiferenreichen Mergel der Glanegger Schichten (Coniac-Santon), ein Rudistenriff (Santon), untercampane Inoceramen- und Korallenmergel, etwa 100 m mächtige tonig-mergelig-sandige Sedimente der mikrofossilreichen Nierentaler Schichten und schließlich Brekzien, Mergel und Sandsteine des Eozän (mit Großforaminiferen).

An mehreren Stellen sind in den Gosauablagerungen unbedeutende, oft auch nur spurenhafte Kohlevorkommen bekannt (z. B. am Thanngut N Abtenau, NE Rußbach, oberhalb der Neualpe, beim Gehöft Plomberg in St. Gilgen, N Strobl).

4. Exkursionsgebiet I

Beiderseits des Salzach-Quertales zwischen Salzburg und Golling (Untersberg, Halleiner Zone, Roßfeld, Göll, Westrand der Osterhorngruppe)

4.1 Zum geologischen Aufbau des Exkursionsgebietes I

In diesem Abschnitt sind das Bajuvarikum, das Tirolikum, das Tiefjuvavikum (Hallstätter Zone von Hallein-Berchtesgaden) und das Hochjuvavikum (Berchtesgadener Decke am Untersberg) vertreten. Vor allem im Tiefjuvavikum liegen Schwerpunkte, die für die Erforschung der Geodynamik von grundlegender Bedeutung sind.

Seit der Anwendung der modernen Deckentektonik glaubte man an einen postneokomen Einschub der zusammenhängenden Hallein-Berchtesgadener Hallstätter Masse, weil die Deckschollen des Roßfeldes auf neokomen Ablagerungen liegen und dies auch der Hallstätter Schollenkranz um die hochjuvavische Berchtesgadener Decke und die Deckscholle der Weitenauer Mulde tun. Ein Einschub dieser ca. 10 km langen Hallstätter Masse auf die neokomen Ablagerungen schien gesichert (u. a. DEL NEGRO 1950, PLÖCHINGER 1955, TOLLMANN 1976b).

Neuere Untersuchungen zeigten jedoch, daß die genannte Hallstätter Masse der Zone Hallein-Berchtesgaden, die kilometerlange Hallstätter Scholle S St. Leonhard/Salzachtal und die östlich von Golling gelegenen, bis fast kilometerlangen Hallstätter Schollen nicht *auf* den Oberalmer Schichten sondern *innerhalb* der Oberalmer Schichten (Kimmeridge/Tithon/Berrias), und zwar in deren tithonen Anteil, liegen. Sie wurden synsedimentär, durch untermeerische, gravitative Gleitung in das Tiefseebecken eingebracht, in dem die Oberalmer Schichten zum Absatz kamen (PLÖCHINGER 1974, 1976, 1977, 1979).

Eine im Malm, im Zuge der jurassischen Zerrtektonik, erfolgte tiefe Absenkung im Bereich der Karbonatplattform hat es zuwege gebracht, daß Gesteinsmassen mit Hallstätter Fazies aus ihrem südlich der Plattform-Riffbarriere gelegenen Vorriff-(Tiefschwellen) Sedimentationsbereich heraus nordwärts abgleiten konnten. Sie werden in auffallender Weise von dem zu den Oberalmer Schichten gehörenden, fein- bis grobklastischen Turbidit des Barmsteinkalkes begleitet. In seiner grobklastischen, olisthostromalen Ausbildung führt er triadische Komponenten der Hallstätter Fazies, der zur Dachsteinkalkfazies gehörenden Berchtesgadener Fazies und überraschend viele Komponenten aus oberpermischem Haselgebirge und aus malmischen Flachwasserkalken. Daraus kann abgeleitet werden, daß im triadischen Vorriffbereich ein vom salzreichen Haselgebirge ausgehender Salzdiapirismus Bestand hatte, auf dessen Schwellen es zur Sedimentation der von synsedimentären Klüften durchschwärmten Hallstätter Gesteine kam und daß dann im Malm von diesem Salzdiapirismus aus die Abgleitungen und Trübeströme (Turbidite) in das inzwischen im Plattformbereich entstandene Tiefseebecken in Bewegung kamen. Sie gingen über den in Berchtesgadener Fazies entwickelten Südrandbereich der Plattform gegen Norden ab.

Wesentliche Belege für die Annahme einer intrajurassischen Eingleitung von Hallstätter Gesteinsmassen erbrachte der Tagbaubereich des Portland-Zementwerkes Gebrüder Leube südlich St. Leonhard im Salzachtal, der Raum zwischen Hallein und Berchtesgaden und das Gebiet östlich von Golling. Überall bestehen genügend viele Anhaltspunkte, daß permo-triadische Gesteinsmassen mit Hallstätter Fazies von Oberalmer Schichten sedimentär unter- und überlagert werden. Am Hahnrain bei Dürrnberg und im Tagbaubereich S St. Leonhard erbrachten auch Tiefbohrungen wertvolle Anhaltspunkte (PETRASCHECK 1947, PLÖCHINGER 1977).

Bei der großen Hallstätter Scholle der Kellauwand östlich von Golling fällt deren seitliche Ablösung durch einen 60 m mächtigen, teilweise sehr grobklastischen Barmsteinkalk auf. An der Ablösestelle ist diesem allodapischen Sediment eine 50 m lange Hallstätter Scholle eingelagert. Das überzeugt unmittelbar, daß Hallstätter Schollen gleichzeitig mit dem Trübestrom des Barmsteinkalkes eingebracht wurden. Nach einigen Hinweisen lag eine ± E-W streichende Tiefseerinne vor, ähnlich der „tektonisch aktiven Tiefseerinne", wie sie FAUPL & TOLLMANN (1979) für die Bildung der gegen das Hangende olisthostromreichen, mächtigen neokomen Roßfeldschichten (Hauterive) annehmen.

Über den olisthostromreichen Oberen Roßfeldschichten liegen westlich des Salzachquertales die Hallstätter Deckschollen des Roßfeldes und ruht im wesentlichen auch östlich des Salzachquertales die 3 km lange Hallstätter Deckscholle von Grubach-Grabenwald. Sowohl die Oberen Roßfeldschichten als auch die in der Weitenaumulde lokal überlagernden, ebenso turbiditisch gebildeten Grabenwaldschichten des Unterapt datieren den Abschluß der Hallstätter Schollengleitungen zur Austroalpinen Phase. Zweifellos war zu dieser Zeit bereits die Einengungstektonik wirksam.

Südlich der neokomen Roßfeldmulde erhebt sich die mächtige Göllmasse mit ihrem gegen Norden stirnenden, gegen Süden in einen Dachsteinriffkalk übergehenden gebankten Dachsteinkalk. Sie ist nach Position und Aufbau der Gollinger Schwarzenbergserie östlich der Salzach vergleichbar und wie diese in Bezug auf die im Norden sedimentär überlagernden Oberalmer Schichten ortsständig (DEL NEGRO 1972). Möglicherweise wurde sie aber schon vorher bewegt. Weil die in Dachsteinkalkfazies entwickelte Schwarzenbergserie neuerdings als Bestandteil der sonst durch Hallstätter Fazies ausgezeichneten tiefjuvavischen Lammermasse betrachtet wird (TOLLMANN 1976b, HÄUSLER 1979), kann man neben der Torrener Jochzone auch die Göllmasse der Lammermasse zuzählen. Die Torrener Jochzone, eine Störungszone zwischen Göll und Hagengebirge, weist auf bayerischem Gebiet einen gut erkennbaren Hallstätter Einfluß auf (ZANKL 1962).

Ein Teil der von Lofer bis zum Salzachtal reichenden Berchtesgadener Decke liegt am Untersberg vor. Man vermutet, daß diese hochjuvavische Decke zusammen mit den umkränzenden Hallstätter Schollen nach Absatz der Roßfeldschichten der Unkener Mulde als Riesenolistholith eingeglitten ist (BÖGEL 1971, TOLLMANN 1976b). Es ist aber auch möglich, daß die Eingleitung der Berchtesgadener Masse vom Südrand der triadischen Plattform zusammen mit jener der Hallstätter Schollen im Jura begann und nach dem Neokom zum Stillstand kam. Komponenten im allodapischen Barmsteinkalk, die dem Berchtesgadener Faziesbereich entstammen (STEIGER 1981) und Hallstätter Faziesanklänge in der Berchtesgadener Decke (BITTNER 1883, FUGGER 1907, HÄUSLER & BERG 1980) geben dafür Anhaltspunkte. Dazu besitzt die Berchtesgadener Decke eine Plassenkalkkappe, welche auf eine untermeerische malmische Hochzone hinweist (PREY 1980, S. 32).

4.2 Exkursionen im Exkursionsgebiet I

Exk. 1: Rundblick vom Untersberg (Geiereck, 1806 m) (Abb. 5)

Thema: Einführung in die Salzburger Formenwelt.
Zeitbedarf: 3 Stunden.
Ausgangspunkt: Talstation der Untersberg-Seilbahn in St. Leonhard/ Salzachtal.
Fußweg: Von der Bergstation der Untersbergseilbahn (1782 m) bis zum Geiereck (1806 m) auf kurzem Promenadeweg.
Topographische Karte: ÖK 93 (Berchtesgaden) 1:50000, Wanderkarten (siehe S. 126).
Geologische Karte: Geologische Karte der Umgebung der Stadt Salzburg 1:50000 (Zusammenstellung S. PREY), Geol. B.-A. Wien 1969).
Spezielle Literatur: SCHLAGER 1930.

Beschreibung: Der Untersberg, ein Hausberg der Salzburger, kann mit seinem Aussichtspunkt am Geiereck (1806 m) einen raschen Einblick in die Formenwelt der Salzburger Kalkalpen vermitteln. Wegen seiner ausgebreiteten Hoch-

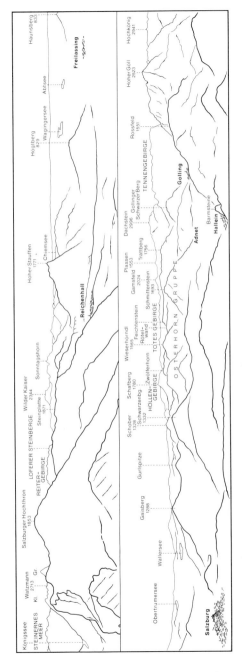

Abb. 5. Rundblick vom Untersberg (Geiereck, 1806 m) aus.

flächenlandschaft, seinen allseitig begrenzenden, steilen Felsabstürzen ist dieser Plateauberg als Hochgebirgsberg anzusprechen. Als Teil der klippenförmig weit nach Norden vorgeschobenen Berchtesgadener Decke tritt er nahe an den Rand der Nördlichen Kalkalpen heran.

Bei der Bergfahrt quert man erst inverse Serien des Tirolikums und Tiefjuvavikums (S. 44), dann, vom Wandfuß angefangen, folgende hochjuvavische Gesteinsserie: Das Haselgebirge, den felsbildenden mitteltriadischen Dolomit (vorwiegend Ramsaudolomit), die durch ein schmales Grasband gekennzeichneten Raibler Schichten mit Carditasandstein, den Hauptdolomit und schließlich an der schroffen Felsstufe den dickbankigen Dachsteinkalk. Auf ihm breitet sich das größtenteils verkarstete Plateau des Untersberges aus.

NW des Salzburger Hochthrons wird der Dachsteinkalk von einer bis in das Alttertiär reichenden, nordfallenden Schichtfolge überlagert und zwar dem Plassenkalk, der Gosaubrekzie des Untersberger Marmors, den Gosausandsteinen und -mergeln und schließlich den Sandsteinen des Alttertiärs.

Vom nahe der Bergstation gelegenen Geiereck aus lassen sich bei klarer Sicht die gegen Norden niedriger werdenden Gipfel und Hochflächen überschauen, die von den Zentralalpen bis zum Nordrand der Kalkalpen reichen. Es ist eine Gipfelflur, die man einer einheitlichen, gegen Norden sanft abfallenden Ebene zuordnen kann, einer im Jungtertiär geschaffenen Verebnungsfläche.

Alle untergeordneten Formen wurden in jüngerer Zeit, vor allem von den Gletschern des Eiszeitalters, geschaffen. Der Salzachgletscher erfüllte das Salzachtal und breitete sich fächerförmig über das Salzburger Becken aus. Einzelne Gletscherzungen reichten bis in das Alpenvorland. Hinter den Stirnmoränenwällen staute sich nach dem Rückzug des Gletschers das Wasser des vom Untersberg aus beobachtbaren Seenkranzes. Zu ihm gehören der Waginger See, der Abtsee, der Obertrumersee und der Wallersee.

Beiderseits des Salzburger Beckens, aus dem als kalkalpine Inselberge der Kapuzinerberg und der Festungsberg herausragen, tritt der Überschiebungsrand der Nördlichen Kalkalpen auf den Flysch deutlich in Erscheinung, so vor allem am Nockstein östlich Salzburgs und am Hohen Staufen hinter Reichenhall.

Schroffere Formen im Bereich der plateautragenden Dachsteinkalkmassive sind aus dem widerstandsfähigeren massigen Dachsteinriffkalk aufgebaut. Derlei Riffkalke sind in unserem Panorama vor allem in der Steinplatte, den Loferer Steinbergen, am Watzmann, Steinernen Meer, Hochkönig, Hohen Göll, am Tennengebirge und am Dachstein vertreten. Sie lösen gegen Süden die nördlicher gelegenen, im Lagunenbereich entstandenen, gebankten Dachsteinkalke ab. Die Sedimente der offenen See sind nach dem Schema Lagune-Riff-offene

See (Pelagikum) noch südlicher anzunehmen. Den Nachweis dieser Reihung erschwert die tektonische Umgestaltung. So haben wir vom Aussichtspunkt aus die aus pelagischen Gesteinen aufgebaute Hallstätter Zone von Hallein-Berchtesgaden im Blickfeld, die bereits im Oberjura in das Gebiet der lagunären Fazies eingeglitten sein dürfte. Die Zähne der Barmsteine nächst Hallein markieren den östlichen Rahmen dieser Zone.
Im Blick gegen die Osterhorngruppe im Osten ist es eine sanft geformte, almenreiche Berglandschaft im Mittelgebirgscharakter mit einzelnen pyramiden- bzw. hornförmig herausragenden Gipfeln. Die von weither ersichtlichen mächtigeren Barmsteinkalkbänke in den Oberalmer Schichten dieser Gipfel verweisen auf die auffallend flache Lagerung des im Herzen des sogenannten tirolischen Bogens gelegenen Osterhorn-Tirolikums.

Exk: 2. Der Untersberger Marmorbruch bei Fürstenbrunn

Thema: Das Gosau-Feinkonglomerat, das unter der Handelsbezeichnung „Untersberger Marmor" bekannt ist.
Zeitbedarf: Eine Stunde.
Anfahrt und Parkmöglichkeit: Die Auffahrt zum Kieferbruch befindet sich 700 m nach der Tafel am Ortsausgang von Fürstenbrunn, an der Straße nach Großgmain (die Hinweistafel ist leicht zu übersehen!). Parkmöglichkeit findet sich am Parkplatz des Bruchgeländes der Kiefer Ges. m. b. H.
Besuchserlaubnis erteilt die Betriebsleitung. Empfohlen wird der Besuch nach Arbeitsschluß am Freitag nachmittags.
Topographische Karten: ÖK 93 (Berchtesgaden) 1:50 000, Wanderkarte (siehe S. 126).
Geologische Karte: Geologische Karte der Umgebung der Stadt Salzburg 1:50 000 (Zusammenstellung S. PREY), Geol. B.-A., Wien 1969.
Spezielle Literatur: KIESLINGER 1964, M. SCHLAGER 1930, Rundschreiben der Marmor-Ind. Kiefer Ges. m. b. H. Hallein-Oberalm vom 10.10.1969.

Beschreibung: Der als Werkstein weltweit bekannte Untersberger Marmor ist ein Transgressionskonglomerat bzw. z. T. auch eine Transgressionsbrekzie des untersantonen Gosaumeeres. Es ruht mit sanftem, ca. 35 gradigen Nordfallen dem steiler nordfallenden Plassenkalk des Untersberg-Nordabfalles auf und wird von jüngeren Gosausedimenten überlagert. Die millimeter- bis zentimetergroßen, meist gut gerundeten Komponenten entstammen der triadisch-ju-

rassischen bis unterkretazischen Unterlage. Immer läßt sich die Komponentenführung von der jeweiligen Unterlage ableiten. Rote Jurakalkkomponenten färben das Gestein rötlich, Komponenten aus Dachsteinkalk hellocker und Komponenten aus Plassenkalk gelblichweiß. Die Abart mit den roten Juraintraklasten führt die Bezeichnung „Forellenstein", die rot durchaderte Abart die Bezeichnung „Barbarossa". Weitere Typenbezeichnungen lassen sich ebenso im wesentlichen aus der Färbung des Hauptgemengteiles ableiten.
Bemerkenswert ist der Einzelfund eines Ammoniten (?*Parapuzosia* sp.) im Untersberger Marmor; mit seinem Durchmesser von 1,35 m gilt er als größter im Alpenbereich gefundener Ammonit. Er ist in Salzburg, im Haus der Natur, aufbewahrt.
Der heutige Fürsten- oder Kieferbruch ist aus drei alten Brüchen, dem Gelbbruch, dem Hofbruch und dem Mittelbruch hervorgegangen. Ihnen gliederte sich der Neubruch an. Im Gelbbruch ist lagenweise ein Sedimentationsrhythmus vom groben Sediment im Liegenden zum feinen Sediment im Hangenden, ein „graded bedding", zu beobachten. Tiefere Partien des heutigen Bruches zeigen den Forellenstein bzw. Forellenmarmor, ein helles, durch rote Jurakalkkomponenten rot getüpfeltes Gestein.
Das Gestein wird durch Loch an Loch-Bohrung und Bohrlochsprengung lagerweise abgebaut. Vorher erfolgte der Abbau durch Sägen mit einem geflochtenen Draht bei gleichzeitig einfließendem Quarzsand und durch nachfolgende Bohrlochsprengung an der Rückseite des Lagers.
Es soll nicht unerwähnt bleiben, daß der Untersberger Marmor auf eine 2 000-jährige Geschichte zurückblickt. Zahlreiche Funde aus der vorrömischen und aus der römischen Zeit können das bestätigen. Fand das Gestein schon im frühen Mittelalter für Steinmetzarbeiten Interesse, so stand seine Verbreitung im 19. Jahrhundert in Blüte. Beispiele für die ausgezeichneten, aus Untersberger Marmor geschaffenen Kunstwerke bieten in Salzburg die Domfassade, der Kapitelbrunnen, die Pferdeschwemme und der Residenzbrunnen, in Wien und in Linz die Pestsäulen.

Exk. 3: Der Grünbachgraben am Ostfuß des Untersberges (Abb. 6)

Thema: Die Schichtfolge des im Grünbachgraben unmittelbar unter dem Hochjuvavikum der Untersbergmasse (Berchtesgadener oder Reiteralmdecke) liegenden Tiefjuvavikums (Hallstätter Decke) und dessen tirolische, tithon-neokome Basis. Insbesondere wird auf die liassischen Öl- und Manganschiefer und die fossilreichen Zlambachschichten des Tiefjuvavikums hingewiesen.

Zeitbedarf: Ca. 3 Stunden.
Ausgangspunkt: Gasthof Drachenloch an der Straße von Salzburg nach Berchtesgaden, etwa einen halben Kilometer südlich von St. Leonhard/ Salzachtal oder am Fahrweg 300 m westlich davon, im Bereich der Geröllbachmündung in den Grünbach.
Fußweg: Vom Gasthof Drachenloch (539 m) entlang des Grünbachgrabes, hin und zurück ca. 1,3 km. Im oberen Abschnitt, am Steig und im Graben, zwischen 540 m und 600 m Sh. beschwerlich. Achtung auf Orientierung (über dem Graben = Untersberg-Seilbahn).
Topographische Karten: ÖK 93 (Berchtesgaden) 1:50000, Wanderkarten (siehe S. 126).
Geologische Karte: Geologische Karte der Umgebung der Stadt Salzburg 1:50000 (Zusammenstellung S. PREY), Geol. B.-A., Wien 1969.
Spezielle Literatur: GÜNTHER & TICHY 1980a,b, KIESLINGER 1964, PLÖCHINGER 1964b, PLÖCHINGER & OBERHAUSER 1956.

Beschreibung: 200 m westlich der Stelle an der der von Südwesten kommende Geröllbach in den Grünbach mündet, stehen am rechten Ufer des Grünbaches 20° SE-fallende, sandige Mergelschiefer der neokomen Schrambachschichten an. 20 m bachaufwärts sind es helle Mergelkalke der Schrambachschichten und etwa 300 m bachaufwärts, in einem felsigen Bacheinschnitt, eine ca. 10 m mächtige, überkippte tirolische Serie aus tithon-neokomen Gesteinen. Es sind graue Mergel mit einer neokomen Foraminiferenvergesellschaftung und Nannoflora, rote tithone Mergelschiefer, bunt geflammte, ammonitenführende tithone Flaserkalke und als stratigraphisch tiefstes, tektonisch höchstes Gestein ein heller, dickbankiger Tithonkalk.
Unmittelbar danach gabelt sich der Bach und es stehen auf wenige Meter graue Haselgebirgstone an; sie bilden die Basis der nun einsetzenden, ebenso invers gelagerten tiefjuvavischen (Hallstätter) Serie. Zu dieser gehören vorerst die mittelsteil west- bis westsüdwestfallenden, stark verquetschten, dezimeter- bis halbmetergebankten, leicht kieseligen, gefleckten, teilweise hornsteinführenden, grauen, liassischen Mergelkalke. Diese Mergelkalke wechsellagern mit einzelnen spätigen Kalklagen und bläulich- bis grünlichgrauen Mergelschiefern. Bei höherem Bitumen- oder Mangangehalt sind sie je nach der Anreicherung als Öl- bzw. Manganschiefer zu bezeichnen.
Die Öl- und Manganschiefer wurden ehemals bergmännisch abgebaut (GÜNTHER & TICHY 1980a,b); das Hauptflöz hatte eine Mächtigkeit von 1,7–2,8 m und lieferte eine Ölausbeute von 10 bis 12 Prozent (KIESLINGER 1964). Am über

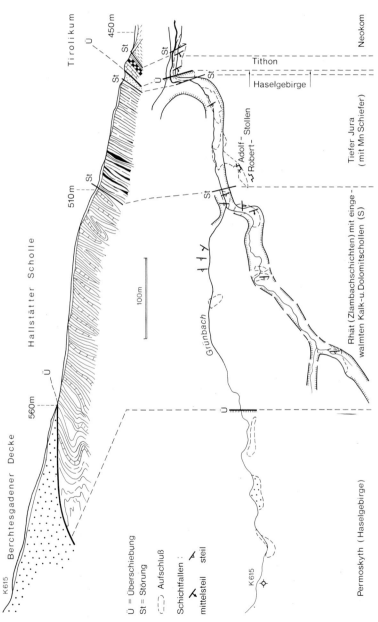

Abb. 6. Die geologische Situation im Grünbachgraben am Untersberg-Ostfuß bei St. Leonhard/Salzachtal (B. PLÖCHINGER 1964b).

dem Adolfstollen gelegenen, ebenso längst verstürzten Robertstollen (510 m), findet man neben grauen Mergel- und Crinoidenkalken Lesestücke manganvererzter Tonschiefer (Manganschiefer).

Östlich der oben genannten Bachgabelung quert der Grünbachgraben ein 4 m mächtiges Paket dieser grauen, ölig glänzenden, bitumenreichen, teilweise manganvererzten Tonschiefer. In diesen Tonschiefern sind eine reiche spezifische Foraminiferenvergesellschaftung (mit *Frondicularia* ex gr. *tenera prismatica* BRAND), Ostrakoden, Holothurienssklerite, Schwammnadeln und Radiolarien enthalten.

Wo sich in 510 m NN der Grünbachgraben wieder in 2 Äste aufgabelt, beginnen im vielfach durch Blockwerk bedeckten Bachbett die Aufschlüsse mit den rhätischen Zlambachmergeln. Sie stellen ein für die Hallstätter Fazies sehr charakteristisches Schichtglied der rhätischen Stufe dar. Das graue Sediment ist weich, schiefrig, zum Teil dunkelgrau gefleckt und zeigt dezimetermächtige Zwischenlagen aus korallenführendem, sedimentärbrekziösen, hellbraunen, dichten Kalk. Neben den Korallen sind Crinoidenreste, Asterozoenhartteile, Seeigelstachel und Schwammnadeln anzuführen.

Unter den Korallen (det. O. KÜHN) sind Arten der Gattungen *Procyclolites, Palaeastraea, Thamnasteria, Montlivaltia, Thecosmilia, Heptastylis* und *Astraemorpha* anzuführen.

Nicht nur die Makrofauna sondern auch die Mikrofauna entspricht jener der Typuslokalität der Zlambachschichten im Zlambachgraben westlich von Alt Aussee (O.Ö.). Unter den Foraminiferen (det. R. OBERHAUSER) sind die Formen *Frondicularia tenera tenera* BORNEMANN, *Nodosaria* ex gr. *metensis* TERQUEM und unter den Ostrakoden (det. K. KOLLMANN) Formen der Gattungen *Bairdia* und *Cryptobairdia* zu nennen.

Zwischen 560 und 620 m werden die Zlambachschichten der invers gelagerten Hallstätter Serie vom evaporitführenden oberpermischen Haselgebirge der hochjuvavischen Berchtesgadener Decke überlagert. Es gehört an die Basis der mächtigen plateautragenden Karbonatgesteinsmasse des hochjuvavischen Untersberges, bestehend aus mitteltriadischen Dolomiten, Raibler Schichten, Dachsteindolomit und -kalk, bunten Jurakalken und Plassenkalk. Das oberpermische Alter des Haselgebirges ist durch zahlreiche Sporen (det. W. KLAUS) nachgewiesen.

Exk. 4: Der Zementmergelbruch am Gutrathsberg südlich St. Leonhard (Abb. 7)

Thema: Das Tagbaugelände des Portlandzementwerkes Gebrüder LEUBE mit seinen an Haselgebirgstonflatschen reichen Cyclothemen in den Oberalmer Kalken, den Schrambachschichten, Anzenbachschichten und Roßfeldschichten.
Zeitbedarf: Ab St. Leonhard ca. 3 Stunden.
Ausgangspunkt (Parkmöglichkeit): Vor der Werkseinfahrt.
Fußweg: Entlang der Werksstraße zum Gutrathsberg, hin und retour ca. 4 km; Steigung bis zur tiefsten Bruchsohle ca. 140 m.
Besuchserlaubnis: Nur bei schriftlich erteilter Bewilligung der Werksdirektion.
Topographische Karten: ÖK 93 (Berchtesgaden) 1:50 000; Wanderkarten (siehe S. 126).
Geologische Karte: Geologische Karte der Umgebung der Stadt Salzburg 1:50 000 (Zusammenstellung S. PREY), Geol. B.-A., Wien 1969.
Spezielle Literatur: FAUPL & TOLLMANN 1979, PLÖCHINGER 1974, 1976, 1977.

Beschreibung (nur bedingte Gültigkeit, weil sich die Aufschlußverhältnisse ständig ändern): Im Tagbau sind die Oberalmer Kalke des Tithon-Berrias in ca. 60 m Mächtigkeit aufgeschlossen. An der tiefsten Bruchsohle (575 m) beobachtet man nahe am Rand zur Salzachtal-Böschung den Ausstrich einer dem Salzachtal entlang, NNW-SSE-streichenden Antiklinale (Schneiderwald-Antiklinale), in deren Kern ein 1 km langer Haselgebirgskörper liegt. Dieses oberpermische Haselgebirge bildet die sedimentäre Basis mehr oder minder klastischer, dickbankiger Barmsteinkalke der Oberalmer Schichten. Zyklisch werden diese gegen das Hangende von zunehmend mächtigen, dünnbankigen, Tonigen Oberalmer Kalken abgelöst. Die Zyklotheme zwei und drei beginnen mit jeweils einer an Haselgebirge reichen Tonflatschenbrekzie bzw. gehen über den allodapischen Barmsteinkalk in die tonigen Oberalmer Kalke über. Das allodapische Sediment der Tonflatschenbrekzie und des Barmsteinkalkes entspricht den zyklisch in das Beckensediment der Tonigen Oberalmer Kalke vom Flachwasserbereich her eingebrachten Schlamm- und Trübeströmen. Sie enthalten resedimentierte Korallen, Hydrozoen und Bryozoen. Die pelagische Stellung der Oberalmer Kalke belegt ihr Coccolithen-Tintinniden-Radiolarien-Gehalt; sie führen auch Calpionellen und Foraminiferen.
Eine Tiefbohrung der Österreichischen Salinen (Gutrathsberg I) bestätigte die Annahme, daß der obengenannte kilometerlange Haselgebirgskörper zusam-

men mit einer triadisch-liassischen Einlagerung während der Sedimentation der Oberalmer Schichten (Tithon-Berrias) als Olistholith aus dem Hallstätter Sedimentationsgebiet im Süden einglitt. Die Bildung der Schneiderwald-Antiklinale erfolgte erst im Zuge der Quertektonik, welche auch den Verlauf des Salzach-Quertales vorzeichnet.

Abb. 7. Profil durch die intrajurassische Hallstätter Gleitscholle an der Schneiderwald-Antiklinale im Tagbaubereich Gutrathsberg des Portlandzementwerkes Gebr. Leube, Gartenbau/St. Leonhard (mit Benützung einer Skizze von Markscheider A. GOLSER gezeichnet von B. PLÖCHINGER), Z_1 bis Z_4 = Zyklotheme in den Oberalmer Schichten.

Im Zyklothem 3 fallen Transversalrippelmarken auf den Schichtflächen auf, die auf ostwestgerichtete Bodenströmungen verweisen. In den gleichen, feinkörnigeren Barmsteinkalklagen finden sich Hornsteinbänder und bis über kopfgroße Hornsteinkugeln mit weichem, grünlichgrauen Haselgebirge (Oberperm) im Kern. Das durch den Schlamm- bzw. Trübestrom eingebrachte Haselgebirge fungierte hier als Konzentrationskern für die im Wasser gelöste Kieselsäure. Durch die Tintinniden-Calpionellen-Vergesellschaftung (det. H. L. HOLZER) wurde erkannt, daß die Oberalmer Schichten im Tagbau vom Tithon bis in das Berrias (höhere Zone B) hinaufreichen. Ca. 80 m mächtige, dünnschichtige, grünlichgraue Schrambachmergel des Neokom (Unter Valendis) bilden, wie an der Bruchsohle in 575 m zu ersehen, das normale Hangende. Sie führen Ammoniten, Foraminiferen, Radiolarien und Nannoflora. Ein 4 m mächtiges Paket hellgrauer, mergeliger Kalke (Portlandzement) beendet die Schrambachmergel-Entwicklung. In ihnen war wegen des idealen Kalk/Ton Verhältnisses ein weiter Stollenbau angelegt.

Hangend folgen wenige Meter mächtige, rötlich verfärbte, leicht sandige Anzenbachschichten und Mergel der Unteren Roßfeldschichten (Valendis-Hauterive). Die an Hornblende reichen, dunkelgrünen Roßfeldsandsteine der Unteren Roßfeldschichten fehlen in diesem Profil. Ziemlich unvermittelt überlagern die Konglomerat-(Olisthostrom-)reichen Oberen Roßfeldschichten des höheren Hauterive. Das in den höheren Etagen aufgeschlossene Sediment, das auch Hallstätter Kalk-Gerölle aufweist, wird als Fächerablagerung einer Tiefseerinne gedeutet.

Erk. 5: Hallein – Winterstallstraße – Nordfuß Zinken – Wallbrunnkopf

Thema: Die Ausbildung der Oberalmer Schichten im Südrahmen der Halleiner Hallstätter Zone, karnisch-norischer Hallstätter Kalk.
Zeitbedarf: Ab Hallein ca. 3 Stunden.
Zufahrt: Winterstallstraße nach Genehmigung beim Gendarmerieposten Hallein oder über die Dürrnbergstraße.
Fußweg: Ca. 2 km, wenige 10 m Steigung.
Topographische Karten: ÖK 94 (Hallein) 1:50000; Wanderkarten (siehe S. 126).
Geologische Karte: Geologische Karte der Umgebung der Stadt Salzburg 1:50000 (Zusammenstellung S. PREY), Geol. B.-A., Wien 1969.
Spezielle Literatur: PLÖCHINGER 1955, 1976.

Beschreibung: Bei der Befahrung der Winterstallstraße begleiten uns auf weite Strecke die überkippten, steilstehenden Neokomablagerungen und dann die tithonen Oberalmer Kalke der tirolischen Rahmenzone der Halleiner Hallstätter Masse. Vor der Talstation des Zinken-Sesselliftes zweigt der in Richtung Gehöft Stocker-Kuchl führende Protestantenweg in südlicher Richtung ab. Bei der zweiten, gegen Westen ausholenden Kehre finden wir eine Parkmöglichkeit. Man hat hier Aussicht auf die ganze Halleiner Hallstätter Zone mit ihrem tirolischen Rahmen, wobei der östliche Rahmen durch die parallel zum Salzachtal gereihten, zahnförmigen Barmsteine besonders in Erscheinung tritt.

▶

Abb. 8. Blick über Hallein zum Untersberg (Foto Gebhart, Hallein). Die zahnförmigen Barmsteine (Typuslokalität des zu den Oberalmer Schichten gehörenden Barmsteinkalkes) kennzeichnen den steilgestellten Jurarahmen im stratigraphisch Hangenden der Trias der Halleiner Hallstätter Zone. Das Plateau des Untersbergmasse (Berchtesgadener Decke) entspricht der sanft nordfallenden jungtertiären Verebnungsfläche. Pleistozäne Ablagerungen und Alluvionen füllen das im Vordergrund gelegene Salzachtal.

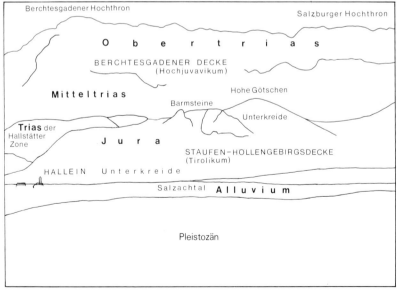

Berchtesgadener Hochthron
Salzburger Hochthron

Obertrias
BERCHTESGADENER DECKE
(Hochjuvavikum)

Mitteltrias
Hohe Götschen
Barmsteine
Unterkreide

Trias der
Hallstätter
Zone

Jura
STAUFEN-HÖLLENGEBIRGSDECKE
(Tirolikum)

HALLEIN Unterkreide

Salzachtal **Alluvium**

Pleistozän

Inmitten der Halleiner Zone liegt der Salinenort Dürrnberg. Das Relief dieser Hallstätter Zone entspricht der Verschiedenartigkeit der an die 1000 m mächtigen Schichtfolge. Zu ihr gehören das salz- und gipsreiche Haselgebirge, die Werfener Schichten, Reichenhaller Rauhwacke, Gutensteiner Kalk und Steinalmkalk, der anisische Schreieralm- oder Lercheckkalk, karnische Halobienschiefer, cephalopodenreiche Hallstätter Kalke des Oberkarn bis Nor und rhätische Zlambachmergel (Abb. 3 und 9).

Unmittelbar an der Kehre ist unter den quartären Ablagerungen noch das Salinar anzunehmen, dann folgt in unserem gegen ESE führenden, leicht ansteigenden Straßenprofil eine steilstehende, größtenteils invers liegende, vom Tithon in das Neokom aufsteigende tirolische Schichtfolge. Die tithonen Oberalmer Kalke beginnen mit einer 30 m mächtigen, durch Kornfluß entstandenen und als Fluxoturbidit bis Turbidit zu bezeichnenden Barmsteinkalklage mit mörtelumkränzten, bis metergroßen Trias-Jurakalkkomponenten, darunter einem nerineenführenden Plassenkalk und mit bis zu mehrere Dezimeter langen Flatschen aus oberpermischem Haselgebirge. Diese sedimentär auf dem Halleiner Salinar liegenden Oberalmer Schichten geben aufgrund ihrer Fazies und ihrer Komponenten einen deutlichen Hinweis, daß die große Hallstätter Schollemassen im Halleiner Gebiet untermeerisch während der Malmsedimentation als Olistholith eingeglitten ist (Abb. 9, unteres Profil).

In dem ca. 100 m mächtigen Paket aus Oberalmer Schichten wird der den Oberalmer Schichten als *„Subformation"* einzugliedernde Barmsteinkalk zyklisch in zunehmendem Maße von den pelagischen Tonigen Oberalmer Kalken abgelöst. Die inverse Lagerung kann vermittels der Sohlmarken und der Gradierung geprüft werden. Erst im letzten Drittel erfolgt der Umschlag in die aufrechte Lagerung. Nahe einer Hauseinfahrt werden die Oberalmer Kalke von ebenso steilstehenden, dezimetergebankten bis schiefrigen, grünlichgrauen Neokommergeln überlagert.

Nach der Weiterfahrt bis nahe zum Grenzposten Neuhäusl biegt man auf 250 m zum am sanften Südhang des Wallbrunnkopfes gelegenen Gehöft Sedl nach Norden ab. Im Wald östlich davon sind die oberkarnischen „Subbulatusschichten" (mit dem leitenden Ammoniten *Tropites subbulatus*) zu besuchen, die in ihrer Liegendpartie in der dunkelroten, dünnschichtig-knolligen Fazies des Draxlehner Kalkes ausgebildet sind. Ein guter Aufschluß dieses auffallenden Gesteines ist durch einen kleinen, aufgelassenen Steinbruch, der ca. 200 m NNE des Gehöftes Sedl im Wald gelegen ist, gegeben. Im begleitenden, massigeren Kalk finden sich oberkarnische Ammoniten und die ebenso altersbelegende Muschel *Halobia austriaca* MOJSISOVICS.

Exk. 6: Die Hallstätter Serie und der Salzbergbau am Dürrnberg (Abb. 9).

Thema: Norischer Hallstätter Kalk, Aussicht vom Kirchenplatz, Besuch des Salzbergbaues Dürrnberg mit regulärer Führung oder mit spezieller Führung bei einer Gruppe von ca. 20 Personen und vorhergehender Verständigung der Salinendirektion.
Zeitbedarf: Ca. 3 Stunden.
Ausgangspunkt: Bergstation der Dürrnberg-Seilbahn oder am Parkplatz der Bergeinfahrt.
Ausrüstung bei spezieller Führung: Stiefel oder Bergschuhe, Taschenlampe, Helm.
Topographische Karten: ÖK 94 (Hallein) 1:50000; Wanderkarten siehe S. 126).
Geologische Karte: Geologische Karte der Umgebung der Stadt Salzburg 1:50000 (Zusammenstellung S. PREY), Geol. B.-A., Wien 1969.
Spezielle Literatur: AMPFERER 1936, MEDWENITSCH 1960, 1964, PETRASCHECK, 1947a, PLÖCHINGER 1955, 1976, 1977, REISENBICHLER 1978, SCHAUBERGER 1953, TOLLMANN 1976b, ZELLER 1980.

Allgemeines: Wie Vieles in Salzburg so soll auch die Bezeichnung „Dürrnberg" auf den Salzgehalt des Bodens hinweisen. Der Name ist aus der Dürrheit (Unfruchtbarkeit) abzuleiten. Der Dürrnberg gilt als älteste Salzgewinnungsstätte, die in die Zeit um 2500 v. Chr. zurückreichen dürfte. Ein intensiver Salzbergbau bestand zwischen 1000 und 500 v. Chr. (ältere Eisenzeit – Hallstattperiode) und zwischen 500 bis 15 v. Chr. (jüngere Eisen- oder La Tène-Zeit, auch Keltenzeit genannt). Es mag darauf hingewiesen werden, daß nahe der Kirche Dürrnberg die Rekonstruktion eines keltischen Wirtschaftshofes und einer keltischen Grabkammer besichtigt werden kann.
Beschreibung: Bei der Seilbahnfahrt nach Dürrnberg quert man zuerst den Egglriedl, der zusammen mit den zahnförmig am Rande zum Salzachtal emporragenden Barmsteinen zum oberjurassischen tirolischen Rahmen der Halleiner Hallstätter Zone gehört. Das bei der weiteren Bergfahrt zu beobachtende bewegte Landschaftsrelief ist der Verschiedenartigkeit der rund 1000 m mächtigen permo-triadischen Hallstätter Serie zuzuschreiben. Felsbildend ist der massige Hallstätter Kalk.
Am Weg von der Seilbahn-Bergstation zum Kirchenplatz Dürrnberg, dem Rupertusplatz, hat man Gelegenheit, den dichten, massigen, rötlich gefärbten, norischen Hallstätter Kalk kennen zu lernen. Gelegentlich erkennt man darin Cephalopodenquerschnitte. Am Fels, der den Kirchenplatz im Osten flankiert,

Exkursionsgebiet I

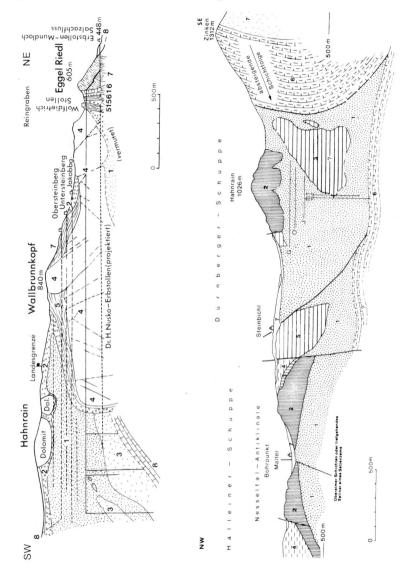

steht norischer Hallstätter Kalk in der dünnbankig-knolligen Fazies an, der sich vom karnischen Draxlehner Kalk nur durch das Fehlen von Jaspis unterscheidet. Für den Kirchenbau (1596–1614) wurde hier das Gestein entnommen. Risse in der Kirchenwand haben in gleicher Weise die Salzlösung im Untergrund zur Ursache wie die x-förmige Setzungskluft im genannten Fels seitlich der Kirche. Von der Terrasse des Kirchenplatzes aus ist ein ähnlicher Rundblick möglich, wie vom Nordfuß des Zinkens (S. 50). Die sanfte Kuppe des SW vom Standort gelegenen Hahnrain besteht aus mitteltriadischem Dolomit der Hallstätter Serie. Unter ihr liegt das bedeutendste Salzabbauareal des Dürrnberger Salzberges und unter ihr wurde auch die Bohrung abgeteuft, die an der Basis des Salinars die tithonen Oberalmer Schichten antraf.

Die Einfahrt in den Salzbergbau befindet sich nördlich der Kirche; sie ist von hier in wenigen Minuten über die Ramsaustraße zu erreichen. Die offizielle Grubenfahrt beginnt in 710 m NN im Obersteinbergstollen und gibt Einblick in die verschiedenen Abarten des Salzgebirges (Haselgebirge). Sie führt an einer Schaustelle vorbei, an der mit Hilfe graphischer Darstellungen (z. B. Schnitt durch den Bergbau von O. SCHAUBERGER) auch die geologische Situation veranschaulicht wird (Abb. 9, oberes Profil).

Die Grubenfahrt erfolgt in westlicher Richtung zum Hahnrain. Unter einem ausgelaugten Salzton („Salzhut") liegt hier ein Salzgebirge, das 10–60% Natriumchloridgehalt aufweist.

Der Rohsolegewinnung im Bergbau steht die moderne, in den letzten Jahren angewandte Rohsolegewinnung mittels Bohrlochsonden gegenüber. Die Rohsole wird zur Salzgewinnung dem Sudwerk in Hallein zugeleitet.

Bei einer Gruppenführung, die der geologisch gut informierte Betriebsleiter unternimmt, können Sonderwünsche, wie z. B. die Befahrung des Jakobbergstollens (MEDWENITSCH 1958), berücksichtigt werden.

◄
Abb. 9. Oben: Profil durch das Halleiner Salinargebiet (nach O. SCHAUBERGER 1953, etwas vereinfacht). – 1: Salzgebirge (= Haselgebirge), 2: ausgelaugter bzw. verschieferter Salzton (= ausgelaugtes Haselgebirge), 3: Werfener Schiefer und Sandstein, 4: Hallstätter Kalk, 5: Zlambachschichten, 6: Oberalmer Schichten, 7: Schrambachschichten, 8: Quartär. – Unten: Profil Nesseltal – Zinken (B. PLÖCHINGER 1976). – 1: Haselgebirge, 2: anisischer Dolomit, 3: Zill-(Steinalm) Kalk, 4: Lercheckkalk, 5: obertriadischer Hallstätter Kalk, 6: Oberalmer Schichten, 7: Moränenmaterial, G: Georgenbergstollen, O: Obersteinbergstollen, J: Jakobbergstollen, I und III: Bohrungen.

Exk. 7: Golling – Bluntautal – Torrener Joch – Stahlhaus – Hohes Brett (2341 m) – Hoher Göll (2523 m) – Purtscheller Haus – Ahornbüchsenkopf – Roßfeld (Abb. 3, mittleres Profil)

Thema: Die Mitteltrias der Torrener Joch-Zone, das obertriadische Dachsteinkalkriff des Hohen Göll, die oberen Roßfeldschichten des Roßfeldes und die darauf ruhende Hallstätter Deckscholle des Ahornbüchsenkopfes.
Zeitbedarf: 2 Tage.
Ausgangspunkt: Golling, Endpunkt: Roßfeldstraße am Ahornbüchsenkopf; Autobusverbindung über bundesdeutsches Gebiet oder Abstieg vom Ekkersattel (1414 m) nach Kuchl (Bahn, Autobus) oder Golling.
Fußweg: Am 1. Tag von Golling bis zum Stahlhaus ca. 11 km und 1255 m Steigung, am 2. Tag vom Stahlhaus – Hoher Göll (1523 m) – Purtscheller Haus (1692 m) – Roßfeldstraße ca. 8 km mit 800 m Steigung. Hochalpine Ausrüstung.
Topographische Karten: ÖK 94 (Hallein) 1:50 000; Wanderkarten (siehe S. 126).
Geologische Karten: Blatt Hallein (94) 1:50 000, Geol.B.-A., Wien (in Vorbereitung). Geologische Karte der Umgebung der Stadt Salzburg 1:50 000 (Zusammenstellung S. PREY), Geol.B.-A., Wien 1969; Geologische Karte des Gebirges um den Königssee in Bayern (G. HABER, N. HOFFMANN, J. KÜHNEL, C. LEBLING, E. WIRTH), Abh. Geol. Landesunters. Bayer. Oberbergamt, 20, München 1935; Ktn. Lit. PLÖCHINGER 1955, ZANKL 1969.
Spezielle Literatur: DEL NEGRO 1968, 1972, 1979 b, FAUPL & TOLLMANN 1979, KÜHNEL 1925, 1929, PICHLER 1963, PLÖCHINGER 1955, TOLLMANN 1976 b, WEBER 1942, WOLETZ 1970, ZANKL 1961/62, 1969.

Beschreibung: Zum Torrener Joch streichen 2 Schuppen; die südliche Schuppe ruht dem Dachsteinkalk des Hagengebirges auf und besteht aus Haselgebirge und Wettersteinkalk, die nördliche, darüber liegende Schuppe aus Gutensteiner Kalk und Wettersteindolomit. Dieser ist durch einen Bruch vom Hauptdolomit der Göll-Südflanke abgesetzt. Bei K. 573 ist der Gutensteiner Dolomit der höheren Schuppe aufgeschlossen. Nach der K. 1026 verläuft der Weg ziemlich entlang der Schuppengrenze und verbleibt dann bis zum Stahlhaus (1731 m) im Wettersteindolomit der höheren Schuppe.
Nördlich des Stahlhauses gelangt man in den grauen, karnisch-norischen Dolomit (Hauptdolomit), zwischen 1950 und 2150 m NN in die hangenden, dem Vorriffbereich zugehörenden norischen Kalke. Es ist ein Sediment, das vor dem

Riff, in Richtung zum offenen Meer, abgelagert wurde, und zwar vor allem Riffschutt, der sich mit Beckensedimenten der Hallstätter Fazies verzahnt. Das Beckensediment an der Südseite des Hohen Brettes entspricht mit seiner norischen Ammonitenvergesellschaftung einem Hallstätter Kalk.

Am Gipfel des Hohen Brettes (2340 m) steht man bereits im zentralen Riffbereich; der Steig verbleibt darin bis etwa 300 m N des Archenkopfes (2391 m). Zahlreiche fossile riffbildende Organismen und der Riffschutt charakterisieren dies derart, daß man bei Nässe an einen HASS'schen Unterwasserfilm erinnert wird. Zu den Riffbildnern gehören Kalkschwämme, Korallen, Kalkalgen, Hydrozoen, Bryozoen und sessile, inkrustierende Foraminiferen vieler Gattungen (ZANKL 1969). Folgende Riffbewohner trugen nach ZANKL zur Zerstörung des Riffgerüstes bei: Benthonisch lebende Foraminiferen, Muscheln, Schnecken, Cephalopoden und Brachiopoden (mit den Formen „*Rhynchonella*" *torrenensis* BITTNER, *Halorella pedata* (BRONN)), Echinodermen, Crustaceen, Fische, Grünalgen mit Codiaceen und Dasycladaceen.

Nach einer kurzen Übergangszone gelangt der Steig 500 m vor Erreichen des Hohen Göll (2522 m) in die riffnahe Zone der Riffrückseite (Lagunenseite) und verbleibt in ihr bis über den Gipfel. Sie ist gekennzeichnet durch aufgearbeiteten Riffschutt mit gut gerundeten Komponenten. Im sanft nordfallenden Kalk dieser Zone findet sich NW des Göllgipfels eine mit rotem, crinoidenspätigen Liaskalk erfüllte Zerrkluft.

Nördlich des Störungsdurchganges am Wilden Freithof wird der gebankte, lagunäre Dachsteinkalk von steil nordfallenden, gestauchten Oberalmer Schichten überlagert. Sie gehen nördlich des Purtscheller Hauses (1691 m) in die hangenden Schrambachschichten über und werden am Eckersattel von den mergeligen Sandsteinen der Unteren Roßfeldschichten überlagert. Über ihnen folgen an der Scheitelstrecke der Roßfeldstraße, am Hahnenkamm, die dünnbankig-kieseligen, konglomeratführenden Oberen Roßfeldschichten. Man befindet sich an der Typuslokalität Roßfeld, worüber zuletzt FAUPL & TOLLMANN Betrachtungen über die Stellung des Sedimentes innerhalb einer tektonisch aktiven Tiefseerinne brachten. An einem großen Aufschluß an der Roßfeldstraße kann das Grobkonglomerat (Olisthostrom) mit seinen synsedimentären, nordvergenten Rutschfalten studiert werden.

Diesen olisthostromreichen Oberen Roßfeldschichten des Hauterive ruhen als Olistholithe vom Süden eingeglittene Hallstätter Deckschollen auf. Zu ihnen gehört die unmittelbar westlich der Kammstrecke gelegene, aus anisischem Dolomit und Hallstätter Kalk (Schreieralmkalk) aufgebaute Scholle des Ahornbüchsenkopfes.

Exk. 8: Die nächst Salzburg gelegene Glasenbachklamm (Abb. 10)

Thema: Besuch der schönsten Talschlucht (Kerbtal) in der Nähe Salzburgs, Gosaugrundkonglomerat, kieselige Ablagerungen der Malmbasis und eine vollständige Liasserie am Westrand der Osterhorngruppe.
Zeitbedarf: Etwa 3 Stunden.
Zufahrt und Parkmöglichkeit: Die Abzweigung von Glasenbach zur Glasenbachklamm ist an der nach Elsbethen führenden Bundesstraße durch eine grüne Tafel angezeigt. Einen Parkplatz findet man am Gasthof Lochhäusl, am Eingang zur Glasenbachklamm.
Fußweg: Insgesamt ca. 4 km, 80 m Steigung.
Topographische Karten: ÖK 94 (Hallein) 1:50000; Wanderkarten (siehe S. 126).
Geologische Karte: Geologische Karte der Stadt Salzburg 1:50000 (Zusammenstellung S. PREY), Geol.B.-A., Wien 1969.
Spezielle Literatur: BERNOULLI & JENKYNS 1970, DEL NEGRO 1979a,b, VORTISCH 1970.

Beschreibung: Östlich des Gasthofes Lochhäusl sägte sich der Bach vorerst auf wenige hundert Meter in das sanft westfallende Gosaugrundkonglomerat ein. Mit den bis über kopfgroßen, gut gerundeten, kalkalpinen Geröllen veranschaulicht es die bedeutende oberkretazische Meerestransgression über ein bereits vorher geschaffenes Deckengebäude. Bei Öffnung der Talflanken gelangt man in die Transgressionsbasis des Konglomerates, in eine westfallende, stratigraphisch absteigende jurassische Serie mit synsedimentär bei der Meeresvertiefung entstandenen Gleitmassen. In dem Profil sind die liassischen Stufen Hettangien, Sinemurien, Pliensbachien, Domérien und Toarcien durch leitende Ammoniten der Gattungen *Psiloceras, Arnioceras, Uptonia, Amaltheus, Hildoceras, Harpoceras* und *Grammoceras* belegt.
Bis zur Lettenbachmündung (Raststelle) sind rote Radiolarite und kieselige Mergel der Kiesel- und Radiolaritschichten (Ruhpoldinger Schichten) aufgeschlossen, dann, nach Abbiegung in die Nordrichtung, ca. 240 m mächtige liassische Ablagerungen: Bunte oberliassische Mergel, gefleckte Kalke und Sandsteine, in welchen in 475 m NN, östlich des Lettengrabens, ein ca. 15 m mächtiges Paket einer vorwiegend roten Oberlias-Knollenbrekzie eingeschaltet ist. Resedimentierte Fossilien des Unter- und Mittellias verraten, daß es sich um eine Gleitmasse handelt. Stratigraphisch liegend folgen graue Kalke des Domerien und ein ca. 12 m mächtiges Paket eines roten Adneter Knollenkalkes des Pliensbachien (Mittellias). Dann kommen gegen das Ostende der Juraaufschlüsse mächtige Hornsteinknollenkalke des oberen Unterlias (Sinemurien),

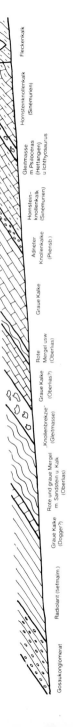

Abb. 10. Das Profil der Glasenbachklamm (W. DEL NEGRO 1979).

welchen am rechten Bachufer eine Gleitmasse aus dem Hettangien eingeschaltet ist. Eine lebensgroße Plastik von einem Ichthyosaurier erinnert an die Ichthyosaurierreste, die hier gefunden wurden und heute im Haus der Natur in Salzburg ausgestellt sind.

Exk. 9: Adneter Riedl – Adnet (Abb. 11)

Thema: Die Oberalmer Schichten des Adneter Riedls, der Oberrhät-Riffkalk des Adneter Kirchenbruches und die weltweit bekannten bunten Liaskalke von Adnet.
Zeitbedarf: Etwa 3 Stunden.
Ausgangspunkte (Parkplätze): Steinbruch Deisl am Adneter Riedl und Kirchenbruch Adnet (bei Erlaubnis).
Fußweg: Insgesamt ca. 3 km, wenige 10 m Steigung.
Topographische Karten: ÖK 94 (Hallein) 1:50 000, Wanderkarten (siehe S. 126).
Geologische Karte: Geologische Karte von Adnet und Umgebung (M. SCHLAGER) 1:10 000, Geol.B.-A., Wien 1960.
Spezielle Literatur: BECKER, MEIXNER & TICHY 1977, FLÜGEL & FENNINGER 1966, FLÜGEL & MEIXNER 1972, FLÜGEL & TIETZ 1971, HUDSON & JENKYNS 1969, KIESLINGER 1964, M. SCHLAGER 1954, 1957, WENDT 1971, ZAPFE 1963.

Beschreibung: Die Straße Hallein – Wiestal quert den kilometerbreiten Adneter Riedl. An seiner Westseite liegt der heute als Depotplatz dienende Steinbruch Deisl. Die Bruchwand zeigt die Tonigen Oberalmer Kalke in der Fazies der nördlicher gelegenen Typuslokalität Oberalm. Das dezimetergebankte Gestein weist tonige, illithältige Beläge auf den Schichtflächen und metermächtige, hellbräunlichgraue, fein- bis mittelkörnige, allodapische Barmsteinkalk-Zwischenlagen auf. Es ist ein toniges Beckensediment, das vor allem Aptychen führt und reich an Radiolarien, Coccolithophorideen und Calpionellen ist. Dem gegenüber führt das durch Trübeströmung eingebrachte Material der Barmsteinkalke Fossilien aus dem Flachwasserbereich, so z.B. Algen, Echinodermen und *Spiculae*.
Östlich des Adneter Riedls schließt das durch flache Schichtstellung und Bruchschollen gekennzeichnete Adneter Becken an. Im Kirchenbruch nächst der Kirche von Adnet steht ein vorwiegend heller, aber auch bunter Oberrhätkalk an. Er führt hier je nach seiner Färbung die Handelsbezeichnungen „Weißtropf", „Rottropf" oder auch „Urbano-Marmor" und findet als Dekorstein vielfältige Verwendung (Verkleidung im Wiener Westbahnhof). Die Bezeichnung „Tropf"

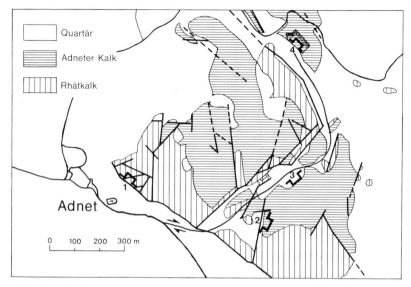

Abb. 11. Geologische Kartenskizze für die Exkursion zu den Adneter Steinbrüchen (nach der geologischen Karte von M. SCHLAGER 1960, mit Eintragung der Steinbrüche). 1: Kirchenbruch, 2: Eismannbruch, 3: Schnöllbruch, 4: Plattenbruch.

ist auf das tropfenförmige Aussehen der im Gestein enthaltenen, weißen, von Kalkspat erfüllten Äste der Riffkorallen (Thecosmilien) und Schwämme zurückzuführen. Daneben sind eine Muschellumachelle, Megalodonten, Brachiopoden und Echinodermenreste enthalten. An Mikrofauna sind sessile Foraminiferen und Ostrakoden anzuführen. Dezimetermächtige Spalten im Riffkalk wurden vom Hangenden her mit rotem Liaskalk erfüllt.

Vom Kirchenbruch aus folgt man der in Richtung Waidach führenden Straße und biegt alsbald in den davon bergwärts abzweigenden, schmalen Fahrweg zu den Adneter Brüchen im Bereich Freymoos – Kirchholz ab. Nach etwa 300 m gelangt man zum Eismannbruch, in dem der rhätische Korallenkalk vom liassischen Adneter Kalk des Hettangien (= tiefster Lias mit *Schlotheimia marmorea*) überlagert wird. Die Grenze ist gekennzeichnet durch eine dezimetermächtige schwarze Schicht aus Limonit, Hämatit und Manganoxyden („Brandschicht").

Vorbei am Schnöll- oder Säulenbruch mit seinem rot und grau gefärbten Adneter Kalk („Rot-Grau-Schnöll") erreicht man den großen Platten- oder Kieferbruch, in dem der rote, knollig-flaserige, plattige Adneter Kalk in bis 15 m Mächtigkeit entwickelt ist. Sein Ammoniteninhalt spricht für Sinemurien (höherer Unterlias) bis Pliensbachien (Mittellias). Man nimmt an, daß das Sediment im Gegensatz zu dem im Becken abgelagerten, gleichaltrigen Fleckenmergeln auf einer untermeerischen Schwelle abgelagert wurde und die Rotfärbung auf eine Kalklösung und Kondensation zurückzuführen ist; Entfärbungen in das Graugrün entsprechen der Reduktion des Eisens. Ein als Knollenbrekzie zu bezeichnendes konglomeratisches Gestein verweist mit seinen Komponenten aus verschiedenartigen Gesteinstypen auf eine gewisse Bodenunruhe. Besonders auffallend ist die wenige Meter mächtige, höchste Lage im Bruch, der mittelliassische „Scheck". Dieses als Calcilutit zu bezeichnende Gestein besteht fast nur aus gerundeten, bis etwa eigroßen Rotkalkgeröllen, die von einem weißen Kalkspat zusammengehalten werden. Möglicherweise steht seine Bildung mit der ab dem Lias kontinuierlich absinkenden Sedimentationsbasis in Beziehung.

Exk. 10: Straßenaufschluß im Mörtelbachtal nordöstlich Krispl

Thema: Gliederung der Kössener Schichten.
Zeitbedarf: 30 Minuten.
Zufahrt und Parkmöglichkeit: Mörtelbachstraße bis Sägewerk Au (Postautobushaltestelle), an der Abzweigung der Straße zur Spielbergalm.
Fußweg: Wenige 100 m.
Topographische Karten: ÖK 94 (Hallein) 1:50000, Wanderkarten (siehe S. 126).
Geologische Karte: Blatt Hallein (94) 1:50000, Geol. B.-A., Wien (in Vorbereitung).
Spezielle Literatur: SUESS & v. MOJSISOVICS 1868, KRYSTYN 1980.

Beschreibung: Der in der Gaißau an der Mörtelbachstraße, nördlich der Abzweigung der Spielbergalmstraße gelegene Aufschluß erfaßt etwa 100 m mächtige, sanft südfallende Kössener Schichten. Sie sind von der Säge weg auf ca. 250 m vom Hangenden zum Liegenden zu studieren.
Nach der klassischen Arbeit von SUESS & MOJSISOVICS sind die Kössener Schichten im Kendlbachgraben (Innere Osterhorngruppe) vom Liegenden zum Hangenden in folgende 4 Fazieseinheiten zu gliedern: 1. dünnschichtige-schiefrige Mergel mit Seichtwasserbivalven (= Schwäbische Fazies), 2. knollige Kal-

ke und Mergel mit einer Bivalven = Brachiopoden-Mischfauna (= Karpatische Fazies), 3. geschichtete Kalke mit Mergeleinschaltungen und Ammoniten/ Brachiopoden-Fauna (= Kössener Fazies), 4. Mergelschiefer mit dem Ammoniten *Choristoceras marshi* (= Salzburger Fazies). Der höhere Teil unseres Profiles in der Gaißau entspricht der Kössener und Salzburger Fazies. Hier liegen gut gebankte, graue, teilweise mergelige Kalke mit 2 dunklen Mergeleinschaltungen vor, deren tiefere den Zonenammoniten *Choristoceras marshi* enthält. Darunter folgen zwischen Straßenkilometer 10,4 und 10,6 eine 12 m mächtige, morphologisch gut hervortretende Korallenkalk-(Thecosmilienkalk-)Lage und ein 30 m mächtiges Paket, das i. w. aus schwarzen Schiefern und knolligen Kalken besteht und der Schwäbischen und Karpatischen Fazies entsprechen mag.

Exk. 11: Hochreithberg – Moosegg (Gipsabbaugelände Moldanwerk) – Grabenwald – Kertererbachgraben; Alternative: Moosegg-Grabenwald (Abb. 12)

Thema: Die Stratigraphie der Unterkreideablagerungen der Weitenaumulde und die gipsreiche Hallstätter Deckscholle von Grubach-Grabenwald.
Zeitbedarf: 1 Tag; für das Alternativprogramm (mit PKW) ca. 3 Stunden.
Zufahrt zum Ausgangspunkt: a) für die Tagestour: Von der Bundesstraße Golling/Hallein Richtung St. Kolomann, nach einem halben Kilometer Richtung Grabenmühle (Moldanwerk), gleich danach Abzweigung Hochreithalmstraße (Parkmöglichkeit an der 1. Kehre); b) für das Alternativprogramm: Fahrt Richtung St. Kolomann, vor Erreichen der Wegscheid (Gasth.) Fahrt auf schmalem Fahrweg beim Gasth. Grubach vorbei zu dem in rund 900 m NN gelegenen Gipsabbaugelände, dann wieder bei Gasth. Grubach vorbei zu den Aufschlüssen im Lienbachgraben.
Fußweg bei Tagestour: Ca. 7 km mit 400 m Steigung.
Besuchserlaubnis im Abbaurevier Moosegg des Gipsbergbaues Moldan: Wochentags ab 16^h; Gruppenanmeldung bei der Betriebsleitung.
Topographische Karten: ÖK 94 (Hallein) 1 : 50 000, Wanderkarten (siehe S. 126).
Geologische Karte: Blatt Hallein (94) 1 : 50 000, Geol.B.-A., Wien, (in Vorbereitung).
Spezielle Literatur: FAUPL 1979, FAUPL & TOLLMANN 1979, FUCHS 1968, KIRCHNER 1977, MEIXNER 1974, PETRASCHECK 1947, PLÖCHINGER 1968, 1977, 1979 A.

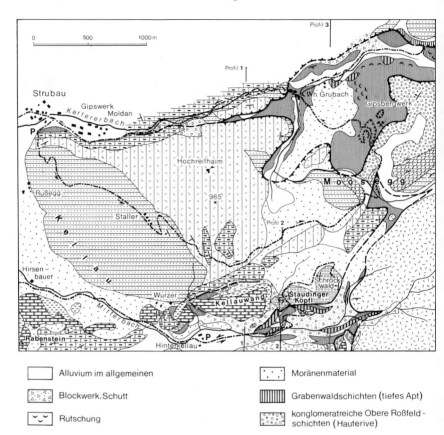

- Alluvium im allgemeinen
- Blockwerk, Schutt
- Rutschung
- Moränenmaterial
- Grabenwaldschichten (tiefes Apt)
- konglomeratreiche Obere Roßfeld-schichten (Hauterive)

Abb. 12. Geologische Kartenskizze und Profile zu den Exkursionen 11 und 12 östlich des Salzachquertales (B. PLÖCHINGER 1983). – P: Parkplätze, Pfeile zeigen Richtung des Fußweges an.

Beschreibung der Tagestour (Alternativprogramm daraus entnehmbar): Nahe dem Parkplatz auf der Hochreithalmstraße stehen dunkle Haselgebirgstone an. Sie sind hier am Westausstrich der Kertererbachstörung erhalten geblieben.

Exkursionen im Exkursionsgebiet I

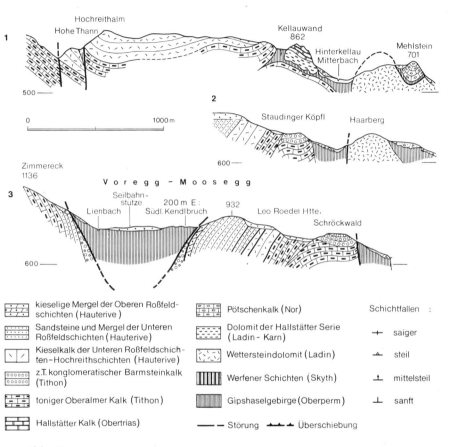

Abb. 12.

Gleich danach sieht man an der Straße Oberalmer Schichten und überlagernde Kieselkalke der tiefsten Roßfeldschichten, der Hochreithschichten. Sie sind von Brüchen durchsetzt und nicht leicht von den Oberalmer Schichten zu unterscheiden. Besonders gut aufgeschlossen sind sie im Steinbruch Kehrl an der Abzweigung der nach St. Kolomann führenden Straße von der Gollinger Bundesstraße.

Alsbald machen entlang der Hochreithalmstraße die Kieselkalke den normal auflagernden grünlichgrauen, mergeligen Roßfeldsandsteinen Platz. Man ist in der westlichen Teilmulde der neokomen Weitenaumulde, die durch die Queraufwölbung der Hochreithschichten am Hochreithberg (Typuslokalität) vom östlichen Muldenteil (Moosegger Mulde) getrennt ist. In 740 m NN gelangt die Straße zum Ostrand der westlichen Teilmulde; man sieht abermals die Roßfeldsandsteine normal den Hochreithschichten aufruhen.

Vor der Abbiegung des Fahrweges zur Hochreithalm gegen Norden tauchen aus den Hochreithschichten kleine Nord-Süd-streichende Fenster aus Oberalmer Schichten auf. Wir folgen dem gegen Osten in Richtung Berghaus Bachrainer führenden Weg, an dem steil WNW-fallende Hochreithschichten anstehen. Östlich Gehöft Bachrainer nimmt man den markierten Weg zum nördlicher gelegenen Gehöft Bachlunzen. Hier ist Haselgebirge an einem Querbruch eingeklemmt.

Beim Gehöft Bachlunzen quert man auf ca. 100 m Erstreckung das höchste Füllgestein der Moosegger Teilmulde der Weitenauer Mulde: Flysch- ähnliche Sandsteine mit Konglomerat-(Olisthostrom-)Einschaltungen, ein Sediment, das hier normal von kieseligen Ablagerungen der Oberen Roßfeldschichten unterlagert wird. Die im Konglomerat enthaltenen kalkalpinen Komponenten aus Haselgebirge lassen darauf schließen, daß die überlagernde 3 km lange, an Anhydrit und Gips reiche Hallstätter Deckscholle von Grubach-Grabenwald nach Absatz des Konglomerates als Gleitscholle eingebracht wurde. Nordöstlich Bachlunzen gelangt man in diese große Deckscholle und somit zu den Gipsgruben der Salzburger Gipswerksges. Ch. Moldan K.G., und zwar zuerst in den Saulochbruch, in dessen Gips sich Blöcke von Diabas und Serpentin finden. N des Weges, am Südostrand des nördlichen Kesselbruches, sieht man den Anhydrit-Gipskörper den steil NW-fallenden Oberen Roßfeldschichten aufruhen. An den Pfeilern des Stollenbaues erkennt man, wo über dem härteren Anhydrit der Gipshut einsetzt. Faltenstrukturen im Gips sind auf die Volumsvergrößerung bei der Wasseraufnahme zurückzuführen. An Mineralien sind vor allem Marienglas mit Schwefelkristallen und ein dichter Schwefel anzuführen.

Nördlich Gasth. Grubach zweigt man gegen Nordosten in die Lienbacher Fahrstraße ab, wo an der Heuhütte 400 m nach dem Gasthof im Bachbett des Lienbaches das bekannte Saphir- bzw. Blauquarz- und Krokydolitvorkommen

liegt. Auch Talk und Kaolinit mit radialstrahlig wachsendem Mg-Riebeckit wurden u. a. hier gefunden.
Wo an der K. 865 ein Fahrweg nach Norden abzweigt, sind die turbiditisch entstandenen fein- bis mittelkörnigen Konglomerate, Sandsteine und Mergel der Grabenwaldschichten aufgeschlossen; sie sind nach ihrem Foramifereninhalt in das Untere Apt (hohe Unterkreide) zu stellen.
Die Route verläuft dann über Gasth. Grubach gegen Westen auf dem steil talwärts führenden Fahrweg im Kertererbachgraben. Man gelangt dabei zuerst zu plattigen, ammonitenführenden Sandmergeln der Roßfeldschichten (mit *Neocomites* sp., *Olcostephanus asterianus* D'ORBIGNY). Sie sind an der Kertererbachstörung zwischen den Oberalmer Schichten im Norden und der aus Hochreithschichten aufgebauten Hohe Thann-Scholle im Süden eingeklemmt. Letztere reichen zwischen der 5. und 6. Brücke bis zum Bachbett. Im Störungsverlauf treten eingeklemmte neokome Sandmergel aber auch Haselgebirgsvorkommen auf. Gegen den Ausgang des Grabens ist ein zunehmendes Einschwenken des Schichtfallens zum Salzachtal zu beobachten. Das gleiche Querschubsphänomen hat, wie eingangs aufgezeigt, die Weitenaumulde in zwei Teilmulden getrennt.

Exk. 12: Hinterkellau – Staudinger Köpfl – Schröckwald (Abb. 12)

Thema: Eine 50 m große Scholle aus norischem Hallstätter Kalk, die inmitten eines mächtigen, fein- bis grobklastischen Barsteinkalkes liegt, gibt östlich von Golling den einwandfreien Beweis, daß auch die benachbarten kilometerlangen Hallstätter Schollen während der Malmsedimentation eingeglitten sind. Sie liegen in den Oberalmer Schichten des Südflügels der neokomen Weitenaumulde und entsprechen nach der Ausbildung ihrer Schichtglieder jenen der Halleiner Hallstätter Zone.
Zeitbedarf: Etwa 3 Stunden.
Ausgangspunkt: Gehöft Hinterkellau östlich von Golling.
Fußweg: Insgesamt ca. 4 km, Steigung ca. 300 m.
Topographische Karten: ÖK 94 (Hallein) 1 : 50 000, Wanderkarten (siehe S. 126).
Geologische Karte: Blatt Hallein (94) 1 : 50 000, Geol. B.-A., Wien (in Vorbereitung).
Spezielle Literatur: PLÖCHINGER 1979.

Beschreibung: Bei der Anfahrt von Golling zur Hinterkellau läßt man an der Hiesenwand die Hallstätter Scholle des nördlichen Rabensteins rechts liegen.

Die Deckscholle ruht an ihrer Südseite einer Ost-West streichenden Antiklinale aus oberjurassischen Oberalmer Schichten auf. Der Fahrweg verquert sie in ihrem östlichen Ausstrich zwischen der Kellau und der Hinterkellau.
Die Hinterkellauer Talung wird im Norden von der Hallstätter Scholle der Kellauwand begrenzt, im Süden von dem zur Gollinger Schwarzenberg-Serie gehörenden, Ost-West streichenden Mitteltriasdolomit des Haarbergzuges.
Die in Richtung Berghof Bachrain führende Privatstraße kommt in 620 m NN vorbei an einem nur wenige 10 m großen Fenster aus Oberalmer Schichten aus der Basis der Kellauwandscholle und gelangt an einer Spitzkehre (Abzweigung des Talweges zum Gehöft Haarecker) zu einer Dolomitscholle, die zusammen mit karnischen Schiefern zur Serie des Gollinger Schwarzenberges gehört. Bald danach, in 690 m NN, sieht man am rechten Straßenrand auf wenige Meter zuerst dünnschichtige, steilgestellte Tonige Oberalmer Kalke, dann auf 40 m Barmsteinkalk mit Hallstätter Kalk- und Haselgebirgstonkomponenten aufgeschlossen. Bänke des Tonigen Oberalmer Kalkes werden hier gelegentlich diskordant von kolkartig eingreifendem Barmsteinkalk überlagert; es entspricht dies einer submarinen Erosion in einer E-W verlaufenden Tiefseerinne.
Wo die gegen NNW führende Straße an die hohe Barmsteinkalkwand des Staudinger Köpfls herantritt, führt ein Weg zum östlich der Straße gelegenen Bachgraben. Hier liegt inmitten des bis 60 m mächtigen Barmsteinkalkes eingebettet eine ca. 50 m lange und 10 m hohe Scholle aus buntem norischen Hallstätter Kalk. Sie überzeugt am schnellsten, daß Hallstätter Schollen synsedimentär im Malm eingebracht wurden.
Man darf annehmen, daß die Kellauwandscholle ursprünglich sedimentär von den heute bruchförmig abgesetzten, steilstehenden Oberalmer Schichten nördlich davon (Reisenauer Riedl) überlagert war und die Hallstätter Schollen östlich von Golling wie jene der Halleiner Zone während der Sedimentation der Oberalmer Schichten eingebracht wurden.
Wenige 100 m nach dem Gehöft Ötzer erreicht man einen gegen Süden in den Schröck (Bachrainer) Wald hineinführenden Weg. An ihm treten zuerst sanft südfallende Tonige Oberalmer Kalke, dann darüber die mächtigen Barmsteinkalke auf. Das gewiß fluxoturbiditisch gebildete, als Olisthostrom zu wertende Gestein weist bis zu mehrere Meter große Plassenkalk- und Haselgebirgskomponenten auf. Es entspricht damit dem malmischen Gestein im sedimentär Hangenden der Halleiner Hallstätter Zone.

5. Exkursionsgebiet II
Der Südteil der Salzburger Kalkalpen (Hochkönig, Tennengebirge und Lammertalbereich, Gosau- und Zwieselalmgebiet, Westrand der Dachsteinmasse)

5.1 Zum geologischen Aufbau des Exkursionsgebietes II

In diesem Abschnitt treten zur Scholle des Osterhorn-Tirolikums die tirolischen Schollen des Hagen- und Tennengebirges, das tirolische Massiv des Hochkönigs und das ebenso zum Tirolikum zu zählende Werfen- St. Martiner Schuppenland. Tiefjuvavikum ist in der „Lammermasse" und in den Schollen des Zwieselalmgebietes vertreten und Hochjuvavikum in der Dachsteinmasse.

Problemreich ist und bleibt die Lammerzone. Zuerst hat man die Meinung vertreten, daß lediglich die durch Gesteine der mergelreichen Hallstätter Fazies (Pedatakalk, Pötschenkalk, Zlambachmergel) charakterisierten Erhebungen des Lammertalbereiches der tiefjuvavischen Lammermasse zugehören und der Gollinger Schwarzenberg mit seiner Dachsteinkalkfazies Teil des Hochjuvavikums ist (DOLAK 1948, CORNELIUS & PLÖCHINGER 1952); unter Berücksichtigung der sedimentär auf den jurassischen Strubbergschichten des Tennengebirg-Tirolikums liegenden Schollen in Hallstätter Fazies entschied man sich, diese aus dem Süden desselben zu beziehen.

Nach den Untersuchungen ZANKLs (1962, 1967, 1969, 1971) in der Torrener Jochzone und den Beobachtungen SCHÖLLENBERGERs (1971, 1974) am Südrand des Toten Gebirges nahm man auch die Gollinger Schwarzenbergmasse zu einer Lammer-Vielfaziesdecke und hielt es für möglich, daß diese eine nach beiden Seiten, nach Norden und Süden, überschiebende, parautochthone Scholle eines Hallstätter Nordkanales mit einer mergelreichen Hallstätter Fazies darstellt, die einem südlich des Tennengebirges einzubindenden Hallstätter Kanal mit kalkreicher Hallstätter Fazies gegenübersteht (TOLLMANN 1976 b,c). Man lehnt sich dabei an die 1903 von MOJSISOVICS ins Leben gerufene Hallstätter Kanaltheorie an, wonach zwischen den obertriadischen Karbonatgesteinsmassen mehrere kanalförmige Hallstätter Sedimentationsräume

Bestand haben können. Neben der Situation im Torrener Joch und im Lammertal (Nordkanal) versucht man heute auch die Hallstätter Merkmale an der Südseite des Dachsteins (Südkanal) und in der Zone Blühbachtal-Werfener Schuppenland (Mittelkanal) mit Hilfe solcher Kanäle zu erklären (ZANKL 1967, HÖCK & SCHLAGER 1964, W. SCHLAGER 1967a,b, TOLLMANN 1976c, 1981, LEIN 1976, HÄUSLER 1979). Trotzdem erscheint durch die sedimentäre Auflagerung der Hallstätter Schollen im Lammertal auf den leicht metamorphen Strubbergschichten des Tennengebirges und durch die Erfahrung im Hallein-Gollinger Gebiet eine nordvergente intramalmische Eingleitung der Lammermasse weiterhin diskutabel.

Die NW-SE streichenden Faltenstrukturen in dem nur bis ca. 800 m mächtigen, in der Hallstätter Fazies entwickelten Anteil der Lammermasse, wie jene der Strubberge, können einer westvergenten Querbewegung zugeschrieben werden. Dabei hat die kompetente Masse des Tennengebirges sichtlich als Scharnier gewirkt.

Problemreich ist auch das Zwieselalmgebiet. Seine in Hallstätter Fazies entwickelten Schollen mit ihrem bunten, hornsteinführenden Hallstätter Dolomit, ihrem mächtigen schiefrigen Karn, dem Pedatakalk und den Zlambachschichten (Zwieselalm-Subfazies der Hallstätter Fazies) sind jener des Lammertales verwandt. Dies und die stratigraphische Verknüpfung der Zlambachmergel mit Riff- und Riffhaldensedimenten an der Westseite der Dachsteinmasse führten zur Annahme einer sedimentären Einbindung der Hallstätter Schollen (ROSENBERG in GANSS et al 1954, ZAPFE 1960b, 1962, SCHLAGER 1967b). Danach kam wieder der mögliche Ferntransport ins Blickfeld und man sah sich veranlaßt, die Zwieselalmschollen und die Schollen im Liegenden des Gosaubeckens in Anlehnung an die Vorstellungen E. SPENGLERs am Plassen als über die Dachsteindecke transportierte Schollen zu betrachten (TOLLMANN & KRISTAN-TOLLMANN 1970, TOLLMANN 1976b, LEIN 1976). Eine endgültige Lösung des Problems steht noch aus, doch wie immer sie aussehen mag, so steht doch jetzt schon fest, daß die Sedimente der Hallstätter Fazies stets von den Sedimenten der Dachsteinkalkfazies begleitet werden, daß das Nord/Süd Faziesschema Lagune/Riff/Vorriff, also Hauptdolomitfazies/Dachsteinkalkfazies/Hallstätter

Fazies auch bei buchten- oder kanalförmig eingreifenden Hallstätter Absatzräumen gültig ist und daß es vom Jura bis zur Mittelkreide zu synsedimentären Eingleitungen von Hallstätter Schollen kam.

Gebankter Dachsteinkalk im Norden, Dachsteinriffkalk im Süden bilden die Bausteine des weit nach Süden reichenden, vergletscherten Hochkönigstockes. Östlich seiner nordvergenten Aufschuppung zeigt er sich von den südvergenten Strukturen der Werfener Schuppenzone begrenzt. Durch das Hochkönig-Plateau streicht in Ost-West Richtung die flache Hochkönig-Synklinale mit der teilweise dem Jura auflagernden juvavischen Riedelkar-Deckscholle (HEISSEL 1955). Bemerkenswert ist der auch im Satellitenbild beobachtbare Torschartenbruch, der die Masse des Hochkönigs vom westlicher gelegenen Steinernen Meer mit abgesenktem Südostflügel begrenzt (TOLLMANN 1976b).

Die nachgosauisch südgeschuppte Werfener Schuppenzone streicht in bis 10 km Breite von der Dachstein-Südseite zur Tennengebirgs-Südseite und umgreift von Osten her das Hochkönigmassiv zum Blühnbachtal und zur Hochkönig-Südseite. Ihre Schichtfolge erfaßt Haselgebirge, Werfener Schichten, Reichenhaller Schichten, Gutensteiner Kalk und Dolomit, Ramsaudolomit, Hallstätter Dolomit, Hornsteinknollenkalk des Cordevol, Reiflinger Kalk, schiefrig-kalkiges Unterkarn, Opponitzer Dolomit, Hauptdolomit, Dachsteinkalk mit Linsen aus Hallstätter Kalk (HEISSEL 1951, TOLLMANN 1969b, 1976, ROSSNER 1972). Trotz des Hallstätter Einflusses („Hallstätter Mittelkanal") wird die Werfener Schuppenzone zum tirolischen Südrand der Kalkalpen gerechnet (LEIN 1976).

5.2 Exkursionen im Exkursionsgebiet II

Exk. 13: Paß Lueg – Salzachöfen

Thema: Gebankter Dachsteinkalk, reich an Dachsteinkalkmuscheln (Familie der *Megalodontidae*), Talschlucht der Salzachöfen (Naturdenkmal).
Zeitbedarf: Ca. 2 Stunden.
Parkmöglichkeit: Alte Bundesstraße am Paß Lueg, Struberdenkmal.
Fußweg (zum Dachsteinkalkaufschluß:) Wenige 10 m, (in den Salzachöfen, bis zum zentralen Teil und zurück:) Ca. 1 km.

Topographische Karten: ÖK 94 (Hallein) 1:50 000, Wanderkarten (siehe S. 126).
Geologische Karte: Blatt Hallein (94) 1:50 000, Geol. B.-A., Wien (in Vorbereitung).
Spezielle Literatur: FISCHER 1964, MATURA & SUMMESBERGER 1980, PIPPAN 1957, PLÖCHINGER 1955, SEEFELDNER 1951, ZANKL 1971, ZAPFE 1957.

Beschreibung: Die vom Süden her gegen den Paß Lueg zunehmende Einengung des Salzachtales ist gesteinsbedingt, weil die Salzach in dieser Richtung in zunehmend härteren Gesteinen erodiert. Zwischen dem Hagen- und Tennengebirge schuf sie im Dachsteinkalk ein enges Durchbruchstal, dessen engste Stelle die Klamm der Salzachöfen darstellt. Diese reicht von unterhalb des Passes Lueg (483 m) bis zum Austritt der Salzach in das Gollinger/Halleiner Becken. Der Durchbruch gilt als typisches Beispiel für Antezendenz, weil die Salzach in gleichem Ausmaß in das Gestein einschnitt, als sich das Gebirge seit dem Jungtertiär heraushob.
Am Struberdenkmal befindet sich eine vom Gletschereis glatt geschliffene Dachsteinkalkwand, die reich an Megalodonten ist. Das einige Meter mächtige Gestein entspricht dem Glied C im Sedimentationszyklus des Loferer Dachsteinkalkes („Loferer Zyklus"); die bunten tonigen Kalke oder Tonschiefer des Gliedes A und die bei Ebbe gebildeten Algenmatten des Gliedes B („Loferit") fehlen hier. Das gebankte Gestein wurde in der Lagune, im Bereich des schwankenden Seespiegels abgelagert; die einst in seinem Schlamm wohnenden Dachsteinkalkmuscheln (*Conchodus infraliasicus* STOPPANI) sind noch in ihrer Lebensstellung vorzufinden.

Exk. 14: Rauhes Sommereck (892 m) – Schönalm (803 m) – Ostseite Sattelberg

Thema: Gesteine der Tennengebirgsstirne (Tirolikum), insbesondere die höherjurassischen Strubbergschichten.
Zeitbedarf: Ein halber Tag.
Ausgangspunkt (Parkmöglichkeit): Moahäusl, 200 m SW Gehöft Wieser (550 m NN). Zu erreichen ist dieser Punkt durch das Abzweigen an der Lammerbrücke bei Wh. Lammeröfen nach Süden und dann durch das Abbiegen flußabwärts.
Fußweg: Insgesamt ca. 6 km, ca. 350 m Steigung.
Topographische Karten: ÖK 94 (Hallein) 1:50 000, Wanderkarten (siehe S. 126).
Geologische Karte: Blatt Hallein (94) 1:50 000, Geol. B.-A., Wien (in Vorb.).

Spezielle Literatur: CORNELIUS & PLÖCHINGER 1952, HÄUSLER 1979, 1980, 1981, HÖCK & SCHLAGER 1964, LECHNER & PLÖCHINGER 1956, SPENGLER 1924, TOLLMANN 1976 c.

Beschreibung: An der ersten Kehre des Forstweges zur Schönalm ist zwischen 550 und 600 m NN ein grauer Mitteltriasdolomit (Gutensteiner Dolomit) der tiefjuvavischen Sattelbergscholle (Lammermasse) aufgeschlossen, in dessen Klüfte wahrscheinlich während der Einleitung jurassische Manganschiefer der Strubbergschichten eingedrungen sind. Ab der Kehre in 640 m NN verquert der Weg auf 300 m Länge die höher jurassischen Strubbergschichten, bestehend aus dunkelgrauen Mergelschiefern und einem groben Konglomerat (Olisthostrom) mit vorwiegend grauen Karbonatgesteinskomponenten (darunter auch Pedatakalk!). Nach Querung eines Karbodens gelangt der Weg zu einem megalodontenreichen Dachsteinkalksporn des Tennengebirges, dann wieder in konglomeratreiche Strubbergschichten.

Von der Schönalm aus kann man leicht einen Abstecher zum Sommereckgipfel (892 m) machen, um die im Strubbergkonglomerat sedimentär eingeschaltete Gleitscholle aus norischem, halobienführenden Graukalk zu sehen.

Danach nimmt man den zur Almhütte führenden Weg; er folgt dem Einschnitt, den einst die Erosion der Lammer geschaffen hat. Die alte Lammerschlinge umgreift in 800 m NN den aus Gesteinen der Lammermasse im Norden und Gesteinen der tirolischen Tennengebirgsstirne im Süden aufgebauten Sattelberg. Vor allem die Hangendserie des Tennengebirges ist hier östlich des Almbodens gut einzusehen, und zwar vom Liegenden zum Hangenden bunte Liaskalke, grauer Liashornsteinkalk (Scheibelbergkalk), Kössener Mergelkalk, gebankter Dachsteinkalk mit Megalodonten. Der Schönalmboden bildet das Zungenbecken eines spätglazialen Lokalgletschers.

Exk. 15: Ackersbachgraben (Südseite der Osterhorngruppe) (Abb. 13)

Thema: Bau und Schichtfolge am Südrand der Osterhorngruppe mit ihrem Malmbasiskonglomerat.
Zeitbedarf bei Fahrterlaubnis ab Forsthaus Lienbach 2 Stunden, andernfalls 4 Stunden.
Anfahrt und Fußweg: Abzweigung Gasth. Voglau gegen N zum Forsthaus Lienbach, 4,5 km Forststraße entlang des Aubaches bis zur Abzweigung des Ackersbachalm-Fahrweges; von hier 1,5 km bis zur Schlucht des Ackersbaches. Steigung ca. 100–150 m.

Topographische Karten: ÖK 95 (St. Wolfgang) 1:50 000, Wanderkarten (siehe S. 126).
Geologische Karte: Blatt St. Wolfgang (95) 1:50 000 (Bearbeiter PLÖCHINGER), Geol.B.-A., Wien 1982.
Spezielle Literatur: PLÖCHINGER 1982.

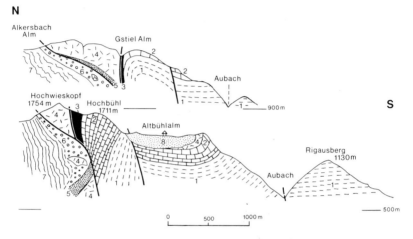

Abb. 13. Der Südrand der Osterhorngruppe im Bereich der Ackersbachalm und der Altbühlalm (B. PLÖCHINGER 1982). 1: Hauptdolomit, 2: gebankter Dachsteinkalk, 3: Kössener Schichten, 4: Dachsteinriffkalk, 5: bunter Liaskalk, 6: Basiskonglomerat der Oberalmer Schichten, 7: Oberalmer Schichten, 8: Schrambachschichten.

Beschreibung: Etwa einen Kilometer vor Austritt der Ackersbachalmstraße in das offene Almengelände erodiert der Bach im überschlagenen Rhätriffkalk der Südseite der Osterhorngruppe. Er ist derart den ebenso steilstehenden, gefalteten Juragesteinen der Osterhorngruppe aufgeschoben, daß südlich von ihm, im Graben, die Juragesteine wieder fensterförmig auftauchen und zwar von Süden nach Norden ein rötlicher, brachiopodenführender Liaskalk, die Kiesel- und Radiolaritschichten (Ruhpoldinger Schichten) und vor allem das Basiskonglomerat der Oberalmer Schichten. Letzteres zeigt dicht gepackte, kantengerundete und gut eingeregelte, bis über kopfgroße Komponenten aus obertriadischen und jurassischen Gesteinen. Sie kennzeichnen den zur Jungkimmerischen Phase aufgewölbten Südrand der Osterhorngruppe, von dem aus Schuttströme (Olisthostrome) untermeerisch zu den Tauglbodenschichten des Tauglbodenbekkens abgingen. Sowohl der bunte Liaskalk als auch der Rhätkalk finden sich faziesgleich im Wetzsteingraben (Innere Osterhorngruppe) als bis hausgroße Olistholithe in den olisthostromreichen, kieseligen Tauglbodenschichten.

Exk. 16: Der Nordosthang der Pailwand bei Abtenau (Abb. 14)

Thema: Die Hallstätter Entwicklung der Pailwand-Scholle (tiefjuvavische Lammermasse).
Zeitbedarf: 3 Stunden.
Anfahrt und Parkmöglichkeit: Von der Abtenauer Bundesstraße, einen halben Kilometer östlich des Gehöftes Fischbachsaag, bis zur Forststraße „Brennkopfweg". Parkmöglichkeit für einen PKW am Schranken vor der Abzweigung zum Gehöft Stoiblhof.
Fußweg: Ca. 3 km, 100 m Steigung.
Topographische Karten: ÖK 95 (St. Wolfgang) 1:50000, Wanderkarten (siehe S. 126).
Geologische Karte: Blatt St. Wolfgang (95) 1:50000 (Bearbeiter PLÖCHINGER), Geol.B.-A., Wien 1982.
Spezielle Literatur: CORNELIUS & PLÖCHINGER 1952, HAMILTON 1981, PLÖCHINGER 1982.

Beschreibung: Die Begehung erfolgt bergwärts, vom Hangenden zum Liegenden. Zu Beginn stehen Zlambachschichten mit wechsellagernden Mergeln und Kalken an. Dann folgt ein bunter, ammonitenführender Hallstätter Knollenkalk des Sevat (Obernor), der nach ca. 20 m in einen conodontenführenden, hellgrauen bis rötlichen Hallstätter Kalk des Alaun (Mittelnor) bis Tuval (Oberkarn) übergeht. Ab der unteren, in die SSE-Richtung ausholenden Spitzkehre (1030 m) steht ein mittelsteil südfallender, gebankter, bunter Hallstätter Knollenkalk des Anis an, den man als grauvioletten Bankkalk bzw. auch Schreieralmkalk bezeichnen kann.
Nach einer schuttbedeckten Strecke bis zur oberen, in die NNW-Richtung ausholenden Kehre (1040 m) quert man in umgekehrter Folge erst die obertriadische, dann die mitteltriadische Serie. Südlich der Kote 1050 verläuft der Weg im Gutensteiner Kalk und Dolomit des tieferen Anis. Deutlich setzt der Umschlag von der Normalfazies in die Hallstätter Fazies im Oberanis ein.

Exkursionsgebiet II

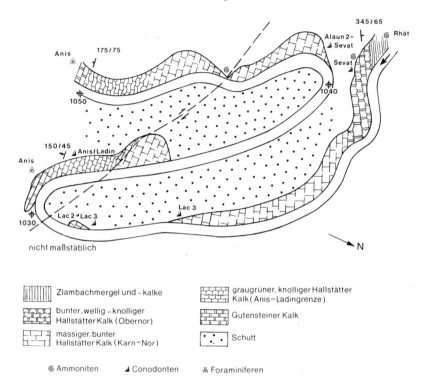

Abb. 14. Geologische Skizze zu Exkursion 16 (nach W. HAMILTON 1982).

Exk. 17: Aufschlüsse am Südende des Roadberges (Vorderer Strubberg) und am Arlstein bei Abtenau

Thema: Die Manganschiefer der Strubbergschichten (Dogger-tiefer Malm) am Südende des Roadberges (Tennengebirgs-Tirolikum) und der anisische Trochitendolomit am Ostfluß des Arlsteines (Lammermasse).
Zeitbedarf (an den Aufschlüssen): Ca. 1 Stunde.
Zufahrt: Bei Gasth. Post, Abtenau, vorbei in südlicher Richtung bis zu einer Kapelle, dann gegen Westen am Gehöft Unterberg und Rocher vorbei bis

zum Aufschluß. Nach der Rückfahrt zur Kapelle biegt man gegen Nordwesten zum Steinbruch am Arlstein ab.
Topographische Karte: ÖK 95 (St. Wolfgang) 1:50 000.
Geologische Karte: Blatt St. Wolfgang (95) 1:50 000 (Bearbeiter PLÖCHINGER), Geol.B.-A., Wien 1982.
Spezielle Literatur: CORNELIUS & PLÖCHINGER 1952, GÜNTHER & TICHY 1980a, HÄUSLER 1979, LECHNER & PLÖCHINGER 1956.

Beschreibung: Etwa 300 m SW Gehöft Rocher erkennt man an einem niedrigen Härtlingsrücken einen verstürzten Stolleneingang. Hier befindet sich eine alte Abbaustelle der metallisch glänzenden, durch ihren Gehalt an sedimentärem Eisen und Mangan ausgezeichneten, kieselig-mergeligen Kalke der zu den Strubbergschichten (Dogger-tiefer Malm) gehörenden Manganschiefer. Der durchschnittliche Mangangehalt liegt hier bei 9%; seine Schwankung ist auf die Oxydation zurückzuführen.
Wandert man den alten, um den Roadberg führenden Weg wenige 10 Meter weiter, gelangt man zu den schwarzen, kohligen Mergelschiefern im normal Liegenden der Manganschiefer. Zweifellos ist das Sediment unter reduzierenden Bedingungen abgesetzt worden.
Dann benützt man den am Arlstein und Roadberg zur Lammertal-Bundesstraße führenden Schwarzenbach-Fahrweg. Im Steinbruch am Nordosteck des Arlsteines steht ein dunkelgrauer Gutensteiner Dolomit an, der teilweise reich an postdiagenetisch dolomitisierten Crinoidenstielgliedern ist, ein „Trochitendolomit".

Exk. 18: Gehöft Gwechenberg – Quechenbergalm – Schober (1791 m) – Firstsattel (1820 m) an der Tennengebirgs-Ostseite (Abb. 15 und Abb. 16)

Thema: Die Schober-Scholle (tiefjuvavische Lammermasse) mit ihren Pedataschichten, der Crinoiden-Plattenkalk (Oberlias/Dogger), die Strubbergschichten (Dogger/tiefer Malm) und der Dachsteinriffkalk im Bereich Obere Alm-Firstsattel-Schallwand (Tennengebirgs-Tirolikum).
Zeitbedarf: Eineinhalb Tage (Übernachtung Quechenbergalm nach Anfrage im Gehöft Quechenberg).
Zufahrt: Von der Bundesstraße zwischen Abtenau und Annaberg beim Leitenhaus zum Gehöft Quechenberg (Parkmöglichkeit).
Fußweg: Ca. 9 km, Steigung bis zur Quechenberghütte (1362 m) 500 m, Que-

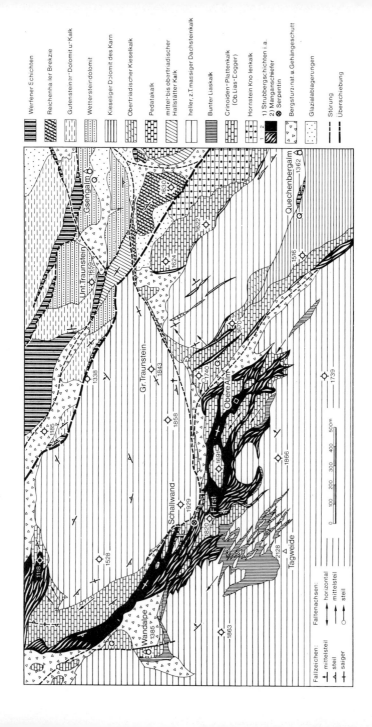

Abb. 15. Geologische Kartenskizze vom Tennengebirgs-Nordrand im Bereich des Firstsattels (H. P. COR-NELIUS & B. PLÖCHINGER 1952).

chenbergalm – Schober (1792 m) 429 m, Quechenberghütte – Firstsattel (1820 m) 458 m; Bergausrüstung.
Topographische Karten: ÖK 95 (St. Wolfgang) 1:50 000, Wanderkarten (siehe S. 126).
Geologische Karte: Blatt St. Wolfgang (95) 1:50 000 (Bearbeiter B. PLÖCHINGER), Geol. B.-A., Wien 1982.
Spezielle Literatur: CORNELIUS & PLÖCHINGER 1952, V. PIA in SPENGLER 1924, SICKENBERG 1928.

Beschreibung: Anmarsch zur Quechenberghütte (1362 m) auf Steig Nr. 211. Dabei sind gelegentlich Werfener Schiefer aus der Basis der Mitteltrias der Schober-Scholle anzutreffen, bestehend aus Gutensteiner Dolomit und Ram-

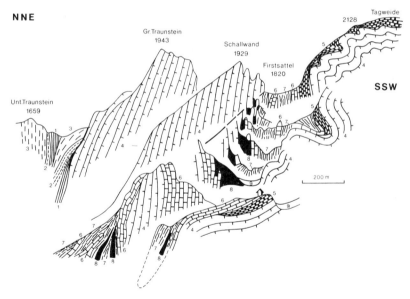

Abb. 16. Profile durch den Firstsattel und die Schallwand-Traunsteinschuppe (H. P. CORNELIUS & B. PLÖCHINGER 1952). 1: Werfener Schichten, 2: Gutensteiner Kalk und Dolomit, 3: Wettersteindolomit, 4: Dachsteinkalk, 5: bunter Liaskalk, 6: Crinoiden-Plattenkalk, 7: Strubbergschichten i. a., 8: Manganschiefer der Strubbergschichten, 9: Hangschutt und Blockwerk.

saudolomit. Der Steig führt dann über Dachsteinkalk und Hornsteinknollenkalk des Tennengebirgs-Tirolikums. Folgt man der Abzweigung zum Schober, gelangt man alsbald in den kieseligen, karnischen Dolomit dieser Scholle und erreicht am Fuß der Kote 1810 einen bunten Hallstätter Kalk obertriadischen Alters, der gegen das Hangende in einen dünnbankigen, dunklen Pedatakalk mit dunklen Hornsteinschlieren und -bändern übergeht. In einem steilstehenden, SW-NE streichenden, gebankten, karnischen Dolomit ist am Gipfel (1791 m) ein Pedatakalk eingefaltet; er führt *Halorella pedata* (BRONN). Die ganze Scholle unterlag nach ihrer jurassischen Platznahme einem westvergenten Schub, der sie faltete, verdrehte und auf die Gsengalmschuppe beförderte. Besonders eindrucksvoll ist die Tour von der Quechenbergalm zum Firstsattel, zwischen der Schallwand (1929 m) und der Tagweide (2128 m), entlang des westgerichteten Steiges Nr. 211. Der Einschnitt des Firstsattels entspricht dem Ausstrich der SW-vergenten Aufschuppung des tirolischen Schallwand/Traunstein-Blattes auf die Tagweide. An der Aufschuppungsfläche erhielten sich, tief eingemuldet, die leicht metamorphen Strubbergschichten (Dogger/tiefer Malm) des Firstsattels. Vermittels der z. T. kieseligen, belemnitenführenden Crinoiden-Plattenkalke (Oberlias/Dogger) zeigt sich der steilstehende Dachsteinriffkalk des Schallwand/Traunstein-Blattes stratigraphisch mit den Strubbergschichten verbunden. Die an ein tieferes Niveau gebundenen Fe/Mn führenden Manganschiefer lassen im Dünnschliff, unter dem Mikroskop, die Assoziation des Mangans mit kieselschaligen Mikrofossilien (Radiolarien etc.) erkennen. Eine am Firstsattel gefundene, metermächtige, manganumkrustete Serpentinschliere kann als Hinweis dafür dienen, daß einst ein submariner Vulkanismus als Erzlieferant fungierte.

Exk. 19: Die Lammerschlucht bei Annaberg

Thema: Übergang Werfener Schichten – Gutensteiner Kalk.
Zeitbedarf: Ca. 1 Stunde.
Ausgangspunkt: Lammerschlucht N Annaberg, bei Straßenkilometer 16,7 oder 17,3 (nach Möglichkeit).
Fußweg: 1,2 km.
Topographische Karten: ÖK 95 (St. Wolfgang) 1:50000, Wanderkarten (siehe S. 126).
Geologische Karte: Blatt St. Wolfgang (95) 1:50000 (Bearbeiter B. PLÖCHINGER), Geol. B.-A., Wien 1982.
Spezielle Literatur: MOSTLER & ROSSNER 1977, PLÖCHINGER 1982.

Beschreibung: Das Profil durch die Lammerschlucht verquert vom Süden nach Norden, vom stratigraphisch Liegenden zum stratigraphisch Hangenden, die oberen Werfener Schichten und die normal überlagernden Gutensteiner Schichten. Rote Werfener Schichten werden gegen das Hangende von einem 12 m mächtigen Paket graugrüner, quarzreicher Werfener Tonschiefer und schließlich von 60 m mächtigen roten, sandigen Tonschiefern mit Kalkzwischenlagen abgelöst. Diese führen die Muscheln *Anodontophora fassaensis* WISSMANN und *Gervilleia* sp. Im höchsten Niveau, an der Kapelle nächst der Mühlbachmündung, steht ein wenige Meter mächtiger, foraminiferenführender roter Kalkoolith an.

Das Hangende der Werfener Schichten bildet eine 5 m mächtige, hellocker gefärbte, luckige Brekzie, eine Reichenhaller Brekzie. Am Wasserfall der Mühlbachmündung wird sie von dunklen, dezimetergebankten Kalken mit dünnen, schiefrig-sandigen Zwischenlagen, den Gutensteiner (Kalk) Basisschichten normal überlagert. In ihnen vollzieht sich der Wandel zur mitteltriadischen Karbonatsedimentation.

Exk. 20: Vorderer Gosausee – Gablonzer Hütte (1550 m) – Zwieselbergalmhöhe (1587 m) – Liesenhütte – Ghf. Gosauschied (Abb. 17)

Thema: Vord. Gosausee (Aussicht), Gablonzer Hütte (Aussicht), Zwieselalmscholle (Tiefjuvavikum), Gosauserie des Gosaubeckens. Obwohl zum größten Teil auf oberösterreichischem Gebiet gelegen, soll auf diese Exkursion nicht verzichtet werden.
Zeitbedarf: Ein Tag.
Parkplatz: An der Talstation der Gosaukamm-Seilbahn (Seealm)
Fußweg: Ca. 8 km, 120 m Steigung; Bergausrüstung.
Topographische Karten: ÖK 95 (St. Wolfgang) 1:50 000, Alpenvereinskarte 1:25 000 Dachsteingruppe, Wanderkarten (siehe S. 126).
Geologische Karten: Geologische Karte Blatt St. Wolfgang (95) 1:50 000 (Bearbeitung B. PLÖCHINGER), Geol. B.-A., Wien 1982, Geologische Karte der Dachsteingruppe 1:25 000 (O. GANSS, F. KÜMEL, G. NEUMANN), Univ. Verl. Wagner, Innsbruck 1954.
Spezielle Literatur: GOLDBERGER 1979, KOLLMANN (in PLÖCHINGER) 1982, MATURA & SUMMESBERGER 1980, W. SCHLAGER 1966, 1967 a, b, WEIGEL 1937, WILLE-JANOSCHEK 1966, ZAPFE 1960 a, b.

Exkursionsgebiet II

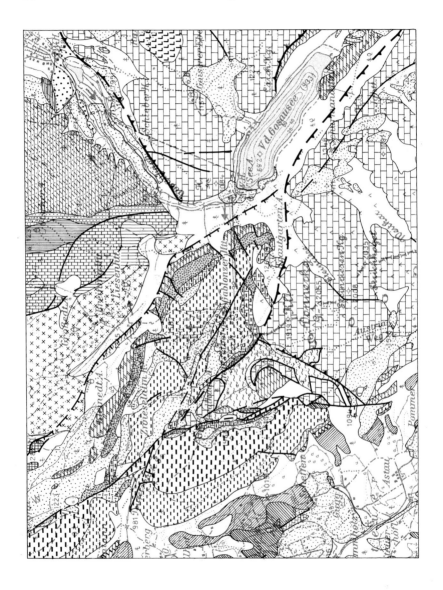

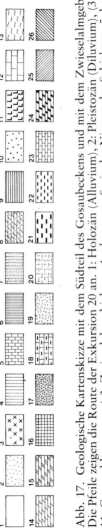

Abb. 17. Geologische Kartenskizze mit dem Südteil des Gosaubeckens und mit dem Zwieselalmgebiet. Die Pfeile zeigen die Route der Exkursion 20 an. 1: Holozän (Alluvium), 2: Pleistozän (Diluvium), (3 bis 11: Gosauablagerungen) 3: Zwieselalmschichten, 4: obere rote Serie der Nierentaler Schichten, 5: heller Kalk der Nierentaler Schichten, 6: rote und graue Kalkmergel der Nierentaler Schichten, 7: untere rote Serie der Nierentaler Schichten, 8: Ressenschichten, 9: Bibereckschichten, 10: Hochmoosschichten, 11: fein- bis mittelkörnige Brekzie mit Rudistentrümmerkalk, 12: Dachsteinriffkalk, 13: Zlambachschichten, 14: Pedataschichten, 15: Pötschenkalk, 16: Hallstätter Kalk, 17: Raibler Schichten, 18: Reiflinger Schichten, 19: Buntdolomit, 20: Steinalmkalk, 21: Steinalmdolomit, 22: Gutensteiner Dolomit, 23: Gutensteiner Kalk, 24: Werfener Schichten i. a., 26: Haselgebirge.

Beschreibung: Der Blick vom Nordende des Vorderen Gosausees zum mächtigen gebankten Dachsteinkalk des gletschertragenden Dachsteins (3004 m) und zum schroff emporragenden Dachsteinriffkalk des Gosaukammes gehört zu den ersten Sehenswürdigkeiten in den Nördlichen Kalkalpen. Der Verlauf der Seenfurche ist durch die Reißgangstörung vorgezeichnet; an ihr treten Pedatakalke der Hallstätter Entwicklung auf. Eine Endmoräne des Gschnitzstadiums verweist auf die glaziale Formung des Seenbeckens.

In wenigen Minuten gelangt man per Seilbahn zur Gablonzer Hütte und nach etwa 20 Minuten Fußmarsch zur Zwieselalmhöhe (Hühnerkogel, 1587 m). Hier ist ein Panorama einzusehen, das sowohl einen Großteil der Kalkalpen des Mittelabschnittes als auch einen Teil der Tauern erfaßt.

Die Gablonzer Hütte steht auf Gutensteiner Dolomit der vom Gutensteiner Dolomit bis zu den Zlambachschichten reichenden, inversen, auf die Gosauablagerungen des Gosaubeckens aufgeschuppten Hallstätter Serie der Zwieselalmscholle. Der Steig Nr. 622 zur Liesenhütte quert dann eine schmale Zone fossilführender Zlambachmergel. Nach Überschreitung der »Zwieselalm-Überschiebung« gelangt man in das Hangendschichtglied der Gosauserie, die Zwieselalm- oder Liesenschichten (Obermaastricht bis Unterpaleozän). Es sind graue bis gelbliche Mergel mit kristallingesteinsführenden Feinbrekzienzwischenlagen.

Am Steig hinunter ins Gosautal zeigen sich die Nierentaler Schichten mit den roten Kalkmergeln der »Oberen roten Serie« (Campan-Maastricht), ein heller Kalk (Campan) und rote Mergel der »Unteren roten Serie« (Campan) und schließlich, bis zur Talsohle, die campanen Ressenschichten mit ihren grauen Sandsteinen und Tonen. Beim Ghf. Gosauschmied hat man Gelegenheit, die santonen Hochmoosschichten mit ihrem Rudistentrümmerkalk zu sehen. Zu Fuß oder per Linienbus kommt man zurück zum Ausgangspunkt.

Exk. 21: Rußbach – Randobachgraben

Thema: Die tiefere Serie der Gosauablagerungen im Gosaubecken.
Zeitbedarf: 2–3 Stunden.
Ausgangspunkt: Rußbach.
Fußweg: Ca. 5 km; Steigung ca. 200 m.
Topographische Karten: ÖK 95 (St. Wolfgang) 1:50 000, Wanderkarten (siehe S. 126).
Geologische Karte: Blatt St. Wolfgang (95) 1:50 000 (Bearbeiter B. PLÖCHINGER), Geol. B.-A., Wien 1982.

Spezielle Literatur: BRINKMANN 1934, 1935, HAGN 1957, KOLLMANN (in PLÖ-CHINGER) 1982, KOLLMANN & SUMMESBERGER 1980, WEIGEL 1937, WILLE-JANOSCHEK 1966, ZAPFE 1937. 8

Beschreibung: Wenige 100 m nördlich von Rußbach erreicht die Randobach-Forststraße die am Ufer des Randobaches gelegenen Aufschlüsse in den eher fossilarmen, grauen Sandsteinen und Mergeln der santonen Grabenbachschichten. Sie werden nach wenigen 100 Metern von den ebenso santonen, an Fossilien (Ammoniten, Korallen, Lamellibranchiaten, Gastropoden) reichen, mit Sandstein- und Konglomeratlagen versehenen Hochmoosschichten überlagert. In ihnen liegen z. b. am Stöckl Rudistenanhäufungen (Rudistenbiostrome mit *Hippurites gosaviensis* DOUVILLE). Auch die Schneckenwand (vorwiegend mit *Trochactaeon* div. sp.) gehört dieser Ablagerung zu; sie befindet sich zwischen dem Randograben und der Traunwand Alpe (1333 m).
70 m nach der 1. Brücke über den Randobach entstammen den Hochmoosschichten die Ammoniten *Muniericeras gosauicum* (HAUER) und *Baculites* sp. Etwa 700 m weiter sind an der Knickstelle des von der ESE- in die NE-Richtung abbiegenden Grabens, durch einen Bruch abgesetzt, wieder die dunkelgrauen Mergel der Grabenbachschichten aufgeschlossen; in ihnen liegt die Typuslokalität des Ammoniten *Parapuzosia daubreei* (DE GROSSOUVRE). Dann gelangt man in die liegenden santonen Streiteckschichten, bestehend aus mollusken- und korallenführenden Mergeln mit Sandstein- und Konglomeratlagen, schließlich in die basalen Konglomerate und Brekzien der Kreuzgrabenschichten (Oberconiac – Untersanton). An der Einmündung der Zimmergrabenstraße sind dem Konglomerat graue, kohleführende Schiefer mit der Süßwasserschnecke *Deianira* sp. eingeschaltet.

Exk. 22: Blühnbachtal – Hundskarlgraben

Thema: Profil durch die Werfener Schichten nahe der Typuslokalität Werfen, im Westausstrich des Werfener Schuppenlandes.
Zeitbedarf: Bei Fahrterlaubnis durch die Forstverwaltung Blühnbach ca. 4 Stunden.
Zufahrt: Auf der von Tenneck ausgehenden, ca. 7 km langen Strecke im Blühnbachtal überwindet man bis zum Hundkaregraben (820 mNN) 290 m Steigung. Zu beachten sind spezielle Geh- und Fahrverbote. Parkmöglichkeit besteht bei der Harwickbrücke nordwestlich Schloß Blühnbach.

Fußweg: Ca. 1 km, Steigung 80 m (von 855 bis 935 mNN), schwierig, mit Bergschuhen.
Topographische Karten: ÖK 125 (Bischofshofen), 1:50 000, Wanderkarten (siehe S. 126).
Geologische Karte: Geol. Farbkarte 1:50 000 Lit. G. TICHY 1979.
Spezielle Literatur: TICHY & SCHRAMM 1979.

Beschreibung: Der in NNW-SSE Richtung verlaufende Graben schließt zwischen 855 mNN und 935 mNN 230 m mächtige Werfener Schichten auf. Zuerst sind es zwischen 855 und 890 mNN zentimeter- bis dezimetergebankte, selten massige, graue, bräunlichgraue, grünlichgraue, braune bis rötlichbraune Quarzite, dünnbankige graue bis olivgrünlichgraue Serizitquarzite, feinblättrige bis -schichtige, teilweise kreuz- und schräggeschichtete graue oder grünlich bis rötlichbraune Sandsteine, einzelne bläulichgraue bis olivgrünlichgraue Tonschieferlagen oder auch olivgrünlichgraue Serizitschieferlagen. Zwischen Profilmeter 138 und 150 schalten sich erstmalig zahlreiche Karbonatlagen ein. In den darüber liegenden 80 Profilmetern (890 bis 935 mNN) nimmt der klastische Einfluß zugunsten des Karbonatgehaltes ab; es liegt eine Wechsellagerung von Kalken, Kalkmergeln, Mergeln und Tonmergeln vor. Auch treten einzelne Brekzien- und Sandsteinlagen auf. Nur zwischen m 170 und 180 (900 bis 915 mNN) schalten sich den dezimetergebankten Kalken noch dezimetermächtige, feinblättrige Serizitschieferlagen ein. Die vorwiegend grauen und feinkörnigen Kalke der karbonatreichen höheren Abfolge der Werfener Schichten sind dezimetergebankt bis massig; die Mergelkalke, Kalkmergel und Mergel sind gelblichgrau, hellgrau bis dunkel- oder grünlichgrau. In 915 mNN führen sie *Natiria costata* (MÜNSTER).

Exk. 23: Achselkopf und Eisriesenwelt am Westende des Tennengebirges

Thema: Besuch der größten Eishöhle der Erde.
Zeitbedarf: Ein halber Tag (Führung in der Eisriesenwelt ca. 2 Stunden).
Ausgangspunkt mit Parkmöglichkeit: Am Ende der von Werfen ausgehenden Eisriesenweltstraße.
Fußweg: Wenige km, ca. 280 m Steigung.
Topographische Karte: ÖK 125 (Bischofshofen) 1:50 000.
Geologische Karte: Geol. Farbkarte 1:50 000, Lit. G. TICHY 1979.
Spezielle Literatur: ANGERMAYER (o. J.), TICHY 1979, TRIMMEL 1962.

Beschreibung: Am Weg auf der Eisriesenweltstraße zur Eisriesenwelt-Rasthütte hat man Gelegenheit, auf die Festung Hohenwerfen herunter zu blicken, die 1077 auf einem Inselberg erbaut wurde. Die Anlage des Eisenwerkes Sulzau verweist auf die hier ehemals verarbeiteten, aus den Werfener Schichten der nächsten Umgebung stammenden Erze.
Von der in 1080 mNN gelegenen Rasthütte aus gelangt man per Seilbahn zum Dachsteinkalkgipfel des Achselkopfes (1575 m). Hier hat man ein einzigartiges Panorama, das den Südteil des Hagengebirges, den Hochkönig mit seinem Plateaugletscher, das Salzachtal und bei entsprechender Sicht auch die östlichen Hohen Tauern erfaßt und hier beginnt auch, vom Dr. Friedrich Oedlhaus weg, die Führung zur Eisriesenwelt. Ein bequemer Weg (Beiszangenweg) verbindet das Schutzhaus mit dem an der Südwand des Hochkogels gelegenen, 20 m breiten und 18 m hohen Eingang der Eisriesenwelt.
Der Führungsweg in der Höhle quert bis zu dem in 1715 mNN gelegenen Endpunkt der Führungsstrecke eine Reihe von Hallen und gelangt dabei auch zum größten Dom der Höhle und zum Eispalast. Mit ihren 42 km erforschter Strecke ist die Eisriesenwelt eine der größten Höhlen Europas und die größte Eishöhle der Erde. Ihr verzweigtes Labyrinth im Inneren des Tennengebirges ist auf Höhen verteilt, die mehrere hundert Höhenmeter auseinander liegen.

Exk. 24: Arthurhaus (1502 m) am Südhang des Hochkönigmassivs (Abb. 18,19)

Thema: Aufgelassener Kupferbergbau Mitterberg und Ausblick vom Arthurhaus zu den Mandlwänden; Grenzbereich Grauwackenzone-Kalkalpen.
Zeitbedarf: Ab Bischofshofen ca. 3 Stunden (Fahrt Bischofshofen-Arthurhaus 30 Minuten).
Anfahrt und Parkplatz: Bischofshofen – Mühlbach auf B 164, dann auf der Mandlwandstraße in Richtung Hochkönig bis zum Parkplatz Arthurhaus.
Fußweg: Nach Belieben.
Topographische Karten: ÖK 125 (Bischofshofen) 1:50 000, Alpenvereinskarte 1:25 000 Hochkönig – Hagengebirge, Wanderkarten (siehe S. 126).
Spezielle Literatur: BAUER & SCHERMANN 1971, FRIEDRICH 1967, HEISSEL 1953, 1968, HOLZER 1980, MEIXNER 1974, TRAUTH 1925, WEBER, PAUSWEG & MEDWENITSCH 1973.

Allgemeines zum Mitterberger Kupferbergbau: Das Bergbaugebiet liegt am südöstlichen Hang des Hochkönigmassivs in den Gesteinen der Grauwacken-

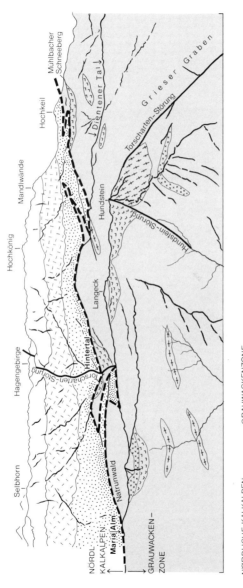

Abb. 18. Blick vom Bereich Hönigkogel in nordöstlicher Richtung; geologische Skizze von J.M. SCHRAMM, Foto: Landesbildstelle Salzburg.

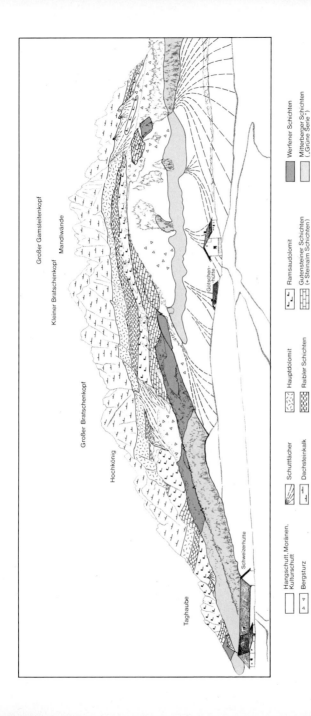

Abb. 19. Der Ostausstrich des Hochkönig-Massivs an den Mandlwänden; Zeichnung von J. M. SCHRAMM 1982.

zone. Der urzeitliche Bergbau reichte von 1500 v. Chr. bis 800 v. Chr. Erst 1828 wurde die Lagerstätte wiederentdeckt und die Erzgewinnung bis 1975 mit wenigen Unterbrechungen fortgesetzt. Die Gangvererzung liegt in den phyllitischen, grauen Wildschönauer Schiefern (?Silur-Karbon), in der teilweise verschieferten violetten Serie (Unterperm) und in den weniger metamorphen und nicht mehr verschieferten grünen Schichten (?Oberperm) von Mitterberg.

Beschreibung: Bei der Anfahrt zum Arthurhaus hat man Gelegenheit, unmittelbar nach der Abzweigung Rupertihaus, an der rechten Straßenseite Quarzite und Phyllite der unterpermischen violetten Serie (Fellersbacher Schichten) zu sehen. Der Parkplatz am Arthurhaus wurde durch Planierung der Josephihalde des Kupferbergbaues geschaffen, so daß man an seiner Böschung nach Lesestücken aus den erzführenden Gängen Ausschau halten kann, welche die violette Serie durchsetzen. Man trifft Lesestücke mit Kupferkies, Pyrit, etwas Arsenkies, etwas Nickelblüte, Kobaltblüte, Karbonate und Quarz, daneben in einer karbonat- und feldspathaltigen Gangart gelegentlich bis zu durchschnittlich einige Zentimeter große, nierige Knollen aus Uranpechblende mit Brannerit im Kern und mit goldführenden Schrumpfungsrissen (Dr. O. SCHERMANN).
Die Fahrt zum Arthurhaus lohnt sich in erster Linie wegen des Blickes zur märchenhaften Kulisse der Mandlwände. Wie die Skizze von Doz. SCHRAMM (Abb. 19) zeigt, erfaßt er die gesamte vom Perm bis in die Obertrias aufsteigende Schichtfolge, die Mitterndorfer Schichten („grüne Serie"), die Werfener Schichten, die Gutensteiner Schichten (inklusive Steinalmschichten) und den Ramsaudolomit im Sockelbereich, die Raibler Schichten (Karn) in der Nische unter den Wänden und schließlich den relativ geringmächtigen Dachstein- bzw. Hauptdolomit und den mächtigen Dachsteinriffkalk als Wandbildner.

6. Exkursionsgebiet III
Der Schafbergzug, das Fuschl-Wolfgangseetal, die Nördliche und Innere Osterhorngruppe, die Gamsfeldmasse

6.1 Zum geologischen Aufbau des Exkursionsgebietes III

In diesem Raum treten vier tektonische Einheiten der Kalkalpen in Erscheinung: Am Rande des Ultrahelvetikum-Flysch-Teilfensters von St. Gilgen tiefbajuvarisches Cenoman („Randcenoman"), am Nordrand der Kalkalpen die geringmächtige Serie des Hochbajuvarikums (Reichraminger Decke), am Schafbergzug und in der Osterhorngruppe das Tirolikum (Staufen-Höllengebirgsdecke) und in der Gamsfeldmasse das Hochjuvavikum (Dachsteindecke). Dazu kommen aus der Unterlage der Kalkalpen die Gesteine des Wolfgangseefensters, die dem Ultrahelvetikum (südlichstes Helvetikum) und dem Flysch (Nordpenninikum) zuzuteilen sind.

Längs der N Fuschl vom nördlichen Kalkalpenrand ausgehenden, dem Südufer des Wolfgangsees entlang laufenden und im Strobler Weißenbachtal an der Überschiebung der hochjuvavischen Gamsfeldmasse endenden, NW–SE streichenden Wolfgangseestörung wurde das Tirolikum in die Schuppe des Schafberg-Tirolikums und in die Schuppe des Osterhorn-Tirolikums geteilt. Das Osterhorn-Tirolikum wurde gegen Norden auf wenige Kilometer dem Schafberg-Tirolikum aufgeschuppt. Dies erklärt den Faziessprung zwischen den Gesteinen beider Schuppen. Die Serie des Schafberg-Tirolikums ist durch jurassische Ablagerungen seichteren Wassers, wie Liasspongienkalk, Hierlatzkalk und Plassenkalk gekennzeichnet, das Osterhorn-Tirolikum durch jurassische Ablagerungen größerer Meerestiefe, wie Adneter Kalk, mächtige Kiesel- und Radiolaritschichten und mächtige Oberalmer Schichten. Nur der Wechselfarbige Oberalmer Kalk am Nordrand der Osterhorngruppe vermittelt zwischen dem Plassenkalk und dem Tonigen Oberalmer Kalk.

Die Bedeutung der genannten Aufschuppung liegt vor allem darin, daß an ihr Gesteine des tektonischen Untergrundes der Kalkalpen, das Ultrahelvetikum und der Flysch, emporgeschürft wurden. Die 5 bis 10 km südlich des Kalkalpennordrandes gelegenen Schürflingsfenster von Strobl und St. Gilgen, die zusammen die Bezeichnung Wolfgangseefenster führen, stellen den viele Zehner von Kilometern weiten nordvergenten Überschiebungsbau der Nördlichen Kalkalpen unter Beweis, weil hier Gesteine des Flysches über Gesteinen des Helvetikums und Gesteine des Oberostalpins (Kalkalpen) über Gesteinen des Flysches liegen (siehe S. 108 ff). Die Fensteraufschuppung erfolgte im Zuge der weiten, nordvergenten Überschiebung des kalkalpinen Deckenstapels auf den mit Gesteinen des Ultrahelvetikums verschuppten Flysch, also

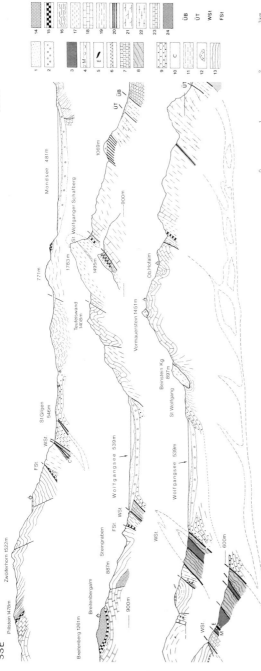

Abb. 20. Geologische Profile durch das Wolfgangseegebiet (B. PLÖCHINGER 1973). – 1: Alluvium, 2: Pleistozän. Ultrahelvetikum (im Wolfgangseefenster) – 3: senone und eozäne Buntmergel, 4: Mergelschiefer der hohen Unterkreide, 5: Eruptivgesteine, 6: roter Kalk und Radiolarit (Tithon).
Flysch (im Wolfgangseefenster und im Vorland). – 7: Reiselsberger Sandstein, 8: Gaultflysch.
Kalkalpen. – 9: Gosauablagerungen, 10: Cenomankonglomerat, 11: Neokom, 12: Plassenkalk, 13: Oberalmer Schichten, 14: Ruhpoldinger Schichten, 15: bunte Lias-Doggerkalke, 16: graue, mergelige und kieselige Liasablagerungen, 17: Crinoiden-Brachiopodenkalk, heller Rhät-Liaskalk, 18: Plattenkalk und Kössener Schichten, 19: Hauptdolomit, 20: Raibler Schichten, 21: Wettersteinkalk, 22: Wettersteindolomit, 23: Gutensteiner Kalk, 24: Haselgebirge.
ÜB: Überschiebung des Hochbajuvarikums auf den Flysch, ÜT: Überschiebung des Tirolikums auf das Hochbajuvarikum, WSt: Wolfgangseestörung, FSt: Filblingstörung.

nach dem bereits vorgosauisch vollzogenen Deckenbau. Sie erfolgte postmitteleozän, weil im Fenster noch mitteleozäne Sedimente enthalten sind. Es wurden folglich Gesteine emporgeschürft, die bereits von den Kalkalpen überschoben waren.

Das Schafberg-Tirolikum (Schafberg-Schuppe) ist in enge, teilweise überschlagene Falten gelegt. Sie wurden nördlich von St. Gilgen durch die linksseitige Blattverschiebung entlang der Wolfgangseestörung in die Nord-Süd Streichrichtung gebracht. Südlich der Störung, im Nordrandbereich der Osterhorngruppe, streichen sie parallel zu dieser, WNW–ESE. Die hier engen Faltenzüge werden gegen das Innere der Osterhorngruppe breit und flach und biegen bei Annäherung an die überlagernde Gamsfeldmasse gegen SSE ab.

Eine schon früh im Osterhorn-Tirolikum einsetzende Stockwerkgleitung (VORTISCH 1937, OSBERGER 1952, PLÖCHINGER 1973) macht sich durch Schichtreduktionen und -ausfälle zwischen den massigeren, obertriadisch-liassischen Sockelablagerungen und dem überlagernden Schichtstoß mergelig-kieseliger Malmablagerungen bemerkbar. Die wichtigste Stockwerkgleitung liegt in der Filbling-Übergleitungsfläche vor; sie reicht vom Filbling-Nordhang über die Südseite der St. Gilgener Weißwand bis Zinkenbach.

6.2 Exkursionen im Exkursionsgebiet III

Exk. 25: Hof – Fuschl – St. Gilgen – Zwölferhorn (1522 m) – Pillstein (1478 m)

Thema: Wettersteinkalk, Raibler Schichten, Hauptdolomit und Wechselfarbige Oberalmer Kalke an der Bundesstraße zwischen Fuschl und St. Gilgen; Aussichtspunkte am Südufer des Fuschlsees, vor St. Gilgen, am Zwölferhorn und am Pillstein; Oberjura–Rhätserie am Weg Pillstein – Illinger Alm.

Zeitbedarf: $^1/_2$–1 Tag.

Parkplätze an der Bundesstraße: 1. vor Fuschl, an der nördlichen Straßenseite, 2. an der Kapelle 3,5 km östlich von Fuschl (Abzweigung Eibenseeweg), 3. an der Straßenkehre 1 km NW St. Gilgen, 4. an der Talstation der Zwölferhorn-Seilbahn (568 m).

Fußweg (ab Zwölferhorn-Bergstation): Ca. 4 km, 240 m Steigung, alpin (Bergausrüstung).

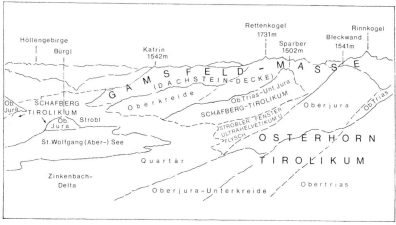

Abb. 21. Panoramaausschnitt im Blick von der Zwölferhorn-Bergstation zum glazial geformten Ischl-Wolfganseetal und zum Plateau des Katergebirges (Gamsfeldmasse). Der Einschnitt zwischen Sparber und Bleckwand kennzeichnet die Wolfgangseestörung, an welche das Strobler Teilfenster des Wolfgangseefensters gebunden ist.

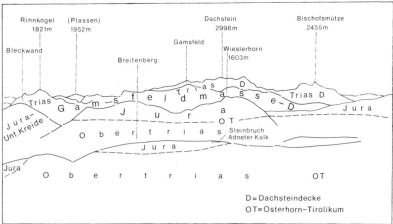

Abb. 22. Wendet man sich am Zwölferhorn gegen Südosten, erblickt man hinter der sanft geformten Mittelgebirgslandschaft der Osterhorngruppe den gletschertragenden Dachstein. Sein Plateau läßt sich mit jenem der Gamsfeldmasse (Abb. 21) zu einer sanft nordfallenden Fläche verbinden. Es ist ein Teil der reliktisch erhalten gebliebenen alten Landoberfläche.

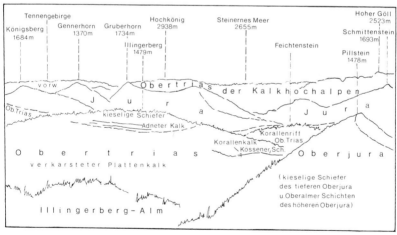

Abb. 23. Vom Zwölferhorngipfel (1522) gegen Süden überschaut man die almenreiche Bergwelt der Inneren Osterhorngruppe und erkennt im Hintergrund die kalkhochalpinen Plateauberge.

Exkursionsgebiet III

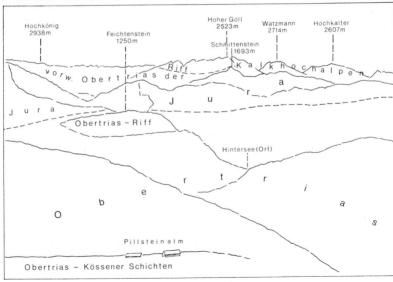

Topographische Karten: ÖK 65 (Mondsee) 1:50000, ÖK 95 (St. Wolfgang) 1:50000, Wanderkarten (siehe S. 126).
Geologische Karte: Geologische Karte des Wolfgangseegebietes 1:25000 (Bearbeiter B. PLÖCHINGER), Geol. B.-A. Wien.
Spezielle Literatur: PLÖCHINGER 1973.

Beschreibung: Vom Parkplatz 1 aus überblickt man das würmeiszeitlich ausgehobelte Trogtal des Fuschlsees, die Nordfront der Kalkalpen am Schober (1329 m) nördlich Fuschl, den hochbajuvarischen Crinoidenkalkfels, worauf am NW-Fuß des Schober die Ruine Wartenfels steht. Vom Parkplatz Nr. 2 aus ist im Bachbett des an der Straße verlaufenden Mühlbaches die Folge Wettersteindolomit – Raibler Schichten – Hauptdolomit zu erkennen. Am Parkplatz 3 vor St. Gilgen überschaut man das glazial geformte Wolfgangseetal mit dem Schafbergzug und den noch zum Schafberg-Tirolikum gehörenden Sparber südlich von Strobl. Der markante Einschnitt zwischen ihm und der Bleckwand gibt den Verlauf der Wolfgangseestörung an. Knapp vor dem Parkplatz befindet sich an der Innenseite der Kehre ein guter Aufschluß von Wechselfarbigen Oberalmer Kalken.

Nach Erreichen des Parkplatzes 4 benützt man die Zwölferhorn-Seilbahn. Das oberste Profil auf Abb. 20 veranschaulicht die geologische Situation entlang der Fahrstrecke zum Zwölferhorn. Der Zwölferhorngipfel (1522 m) ist aus aufgefalteten tonigen Oberalmer Kalken aufgebaut. Sowohl von ihm als auch vom Pillstein (1478 m) aus bietet sich ein ausgezeichneter Rundblick (Abb. 21–24). Am Weg zum Pillstein gelangt man in die bunten, dünnschichtigen, kieseligen Malmbasisschichten, welchen am Pillstein nochmals sedimentär Gesteine vom Typus der Oberalmer Kalke eingeschaltet sind. Beim Abstieg zur Pillsteinalm (2181 m) quert man die liassischen Schichtglieder (Adneter Kalk und Hornsteinknollenkalk) und an der Alm kommt man zu den fossilreichen rhätischen Mergelkalken der Kössener Schichten mit einer Korallenkalklinse.

◀

Abb. 24. Vom Pillstein (1478 m) aus sieht man gegen Südwesten hinein in das Hinterseer Exkursionsgebiet mit der linsenförmigen Riffkalkwand des Feichtensteins. Am Horizont sind die kalkhochalpinen Plateauberge, so der Hochkönig und der Hohe Göll, sichtbar.

Exk. 26: St. Gilgen – Mozartsteig (Abb. 20, oberstes Profil)

Thema: Gaultflysch und Cenomankonglomerat (Tiefbajuvarikum) im St. Gilgener Teilfenster des Wolfgangseefensters.
Zeitbedarf: Eineinhalb Stunden.
Ausgangspunkt: Parkplatz bei den obersten Gebäuden der Irlreith-Siedlung, St. Gilgen (SAFE-Transformator).
Fußweg: Ca. 1 km, Steigung ca. 100 m.
Topographische Karten: ÖK 65 (Mondsee) 1:50000, Wanderkarten (siehe S. 126).
Geologische Karte: Geologische Karte des Wolfgangseegebietes 1:25000 (Bearbeiter B. PLÖCHINGER), Geol. B.-A., Wien 1972
Spezielle Literatur: PLÖCHINGER 1973.

Beschreibung: Vom Parkplatz weg folgt man dem zum Gehöft Koch (Lain 7) ansteigenden Fahrweg ca. 200 m bis zum Mozartsteig (Markierung 7), biegt dann nach rechts, bis man NW der Irlreith-Siedlung den Kühleitgraben quert. Knapp unter dem Brückerl dieses Grabens sind dunkelgraue bis schwarze Gaultflyschmergel und Gaultquarzitblöcke und über dem Brückerl ein heute leider durch eine Mure weitgehend überlagerter, hüttengroßer Block aus Cenomankonglomerat aufgeschlossen. Dieses besteht aus bis über kopfgroßen, kalkalpinen und exotischen, gut abgeflachten Geröllen. Zu den Exotika gehören Quarzporphyr, Diabas, Granit, Gneis, Quarzit und Quarz. Das cenomane Alter des Konglomerates belegen die im Bindemittel anzutreffenden Großforaminiferen der Art *Orbitolina concava* LAMARCK (col. K. BREUER).
Es sei noch bemerkt, daß auch im Bereich der Irlreithsiedlung einzelne metergroße glaukonitische Gaultquarzitblöcke liegen.

Exk. 27: Der nahe der Schafbachalm gelegene Saubachgraben an der Zwölferhorn-Westseite (Abb. 25)

Thema: Eine vom tiefen Lias bis in das tiefe Malm reichende, verdoppelte Schichtfolge des Osterhorn-Tirolikums läßt auf eine im tiefen Malm erfolgte Eingleitung schließen. Die zwei Serien erfassen auch den selten anzutreffenden Klauskalk (Dogger).
Zeitbedarf: Ab Schafbachbalm 3 Stunden.
Zufahrt: Zur Schafbachalm (1038 m) per PKW über die Tiefbrunnau. Parkmöglichkeit am Schranken vor der Alm.

Exkursionen im Exkursionsgebiet III 99

Alter	Mächtigkeitsprofil	Gesteinsbeschreibung	Fossilinhalt
MALM	70 m	graugrüner bis violettroter Radiolarit der Malmbasisschichten	Radiolarien
? Bathonien DOGGER		dunkelroter, knollig-flaseriger, manganoxydreicher Klauskalk 1 m-mächtige, geröllführ. Sandmergellage 0,5 m mächtige, harte, sandige Kalklage 1,5 m mächtige, rote, tonige Knollenbrekzie	Procerites sp., Stephanoceras cf. humphriesianum (SOW.), Bositra buchi (ROEMER); Lenticulina sp., Reinholdella sp.; Ostracoden
OBERLIAS	60	rote, an biogenem Detritus reiche, schiefrig-plattige Sandmergel (Turbidit) 0,5 m mächtige, schwarze „Manganschiefer"-Lage, vorw. ziegelrote, dünnbankige, sandige Kalke	Bryozoenbruchstücke, Echinodermen- und Fischreste; Foraminiferen und Ostracoden, Dentalium
			Schizosphaerella sp.
	50	graue, sandige Kalke mit grauen Mergel-schieferzwischenlagen Hornsteinknollenkalk	Pseudoglandulina multicostata (BORNEMANN) Planularia cf. pauperata JONES & PARKER
UNTERLIAS		roter, flaseriger Kalk (Adneter Fazies) ocker gefärbter Enzesfelder Kalk ?	Lytoceras sp. Schlotheimia sp. Alsadites sp.
MALM	40	dunkelroter bis grünlichgrauer Radiolarit der Malmbasisschichten	
DOGGER		dunkelroter, knollig-flaseriger Klauskalk	Holcophylloceras cf. zignodianum d'ORB., Belemnites sp.
oberes Toarcien OBERLIAS	30	gradierter, roter Sandmergel (Turbidit) mit metermächtiger Linse einer roten Knollenbrekzie	Phymatoceras sp. Grammoceras sp. Dactylioceras commune (SOW.) Catacoeloceras sp.
unteres Toarcien		gradierte, rote Sandmergel mit einer 0,2 m mächtigen, geröllführenden Kalkbank 0,15 m mächtige, kieselige Mergelkalklage	Coeloceras sp. Calliphylloceras capitanoi (CAT.) Nautilus sp., Belemnites sp. Bryozoen- und Echinodermenfragmente
		0,1 m dicke, graue Mergelschieferlage	Ichthyosaurierwirbel
UNTERLIAS	20	dm-gebankte, graue bis grünliche, gefleckte, sandige Mergel und Mergelkalke intraklastisches Foraminiferen-Biosparit (Turbidit)	Pseudoglandulina multicostata (BORNEMANN) Spongiennadeln, Radiolarien
		Hornsteinknollenkalk,15° NNE - fallend	Alsadites proaries (NEUMAYR) Alsadites seebachi (NEUMAYR)
Hettangien (Lias α)	10	rötliche und ocker gefärbte Kalke (Enzesfelder Fazies) mit Sandmergel-Zwischenlage grauer Sandmergel	Schlotheimia angulata OPPEL Psiloceras (Curviceras) frigga WAHNER Plagiostoma sp.
„RHÄT"		hell- bis grünlichgraue, vorw. weiche Kössener Mergel	dünnschalige Muscheln
		graue Kössener Mergelkalke hangend einer ca. 10 m mächtigen Lithodendronkalkbank	Lumachelle

Abb. 25. Das Juraprofil an der Zwölferhorn-Westflanke (B. PLÖCHINGER 1975).

Fußweg: Ca. 2 km, ca. 100 m Steigung, alpin (Bergschuhe).
Topographische Karten: ÖK 95 (St. Wolfgang), Wanderkarten (siehe S. 126).
Geologische Karte: Geologische Karte des Wolfgangseegebietes 1:25 000 (Bearbeitung B. PLÖCHINGER), Geol. B.-A., Wien 1972.
Spezielle Literatur: PLÖCHINGER 1973, 1975.

Beschreibung: Ca. 200 m südlich des Schrankens an der Schafbachalm folgt man im Wald einem zuerst ostgerichteten, stärker ansteigenden, alsbald gegen Südosten abbiegenden, stark durchfeuchteten Weg, bis man etwa 750 m südöstlich der Almhütte, etwa 40 Höhenmeter darüber, zur Querung des Saubachgrabens gelangt. Knapp vorher anzutreffende hüttengroße Korallenkalkblöcke verweisen auf den Bestand einer etwa 10 m mächtigen, im höheren Niveau der Kössener Mergel eingeschalteten Korallenkalkbank. Über den Kössener Mergeln beginnt im Saubachgraben, 10 m nördlich des Weges, das Juraprofil. Während der tiefsten Absenkung zur Zeit der Sedimentation des tiefmalmischen Radiolarienschlammes der Kiesel- und Radiolaritschichten (Ruhpoldinger Schichten) kam es zur Eingleitung der höheren Lias-Doggerserie. Die Gesteine der beiden Serien geben Einblick in das jeweilige Ablagerungsmilieu. Tiefschwellensedimente vom Typus Enzesfelder/Adneter Kalk (Lias Alpha) werden gegen das Hangende von unterliassischen Beckensedimenten (Liashornsteinkalk) abgelöst. Nach einer Schichtlücke im Oberlias wurden ammonitenführende, rote, gradierte Mergel mit aus dem Seichtwasserbereich stammenden Bryozoenfragmenten und mit eingeschalteten Knollenbrekzienlinsen abgesetzt. Darüber folgende geringmächtige Klauskalke vertreten im Dogger die Tiefschwellen-(Cephalopoden-)Fazies. Zu Beginn des Malm kam es im tiefen Meer zur Bildung der Kiesel- und Radiolaritschichten.

Exk. 28: Der Feichtenstein bei Hintersee (1253 m) (Abb. 26 und Abb. 27)

Thema: Die Gesteinsserie mit dem größten und schönsten oberrhätischen Korallenriff der Nördlichen Osterhorngruppe.
Zeitbedarf: Ein Tag.
Ausgangspunkt: Parkplatz vor dem Schranken der zur Ladenbergalm führenden Forststraße westlich der Kirche Hintersee.
Fußweg: Ca. 5 km, 500 m Steigung, alpin (Bergausrüstung).
Topographische Karten: ÖK 94 (Hallein) 1:50 000, Wanderkarten (siehe S. 126).
Geologische Karte: Blatt Hallein (94) 1:50 000, Geol.B.-A. Wien (in Vorbereitung); Aufnahme PLÖCHINGER.

Spezielle Literatur: SCHÄFER 1979, SCHÄFER & SENOWBARI-DARYAN 1978 a,b, SENOWBARI-DARYAN 1980, SICKENBERG 1932, SIEBER 1937, VORTISCH 1926.

Beschreibung: Man folgt dem vom Parkplatz ausgehenden Weg mit der Markierung 851, welcher am Gehöft Salzstein und an der Unter Tiefbachalm vorbei führt. Dabei erkennt man im Bachbett nördlich des Weges einen sanft SE-fallenden Plattenkalk. Der Feichtenstein-Westhang an der Südseite des Weges besteht im wesentlichen aus einer über die Kössener Schichten gerutschten Masse zerrütteter Kiesel- und Radiolaritschichten. Erst am Steig in 990 m NN gelangt man in das anstehende Gestein und quert ein schmales Riffkalkband. Aus so einem Riffkalkband geht gegen NNE das 900 m lange und bis 150 m mächtige rhätische Korallenriff des Feichtensteins hervor.
Zwischen 990 und 1090 m NN verbleibt der Steig in den normal überlagernden,

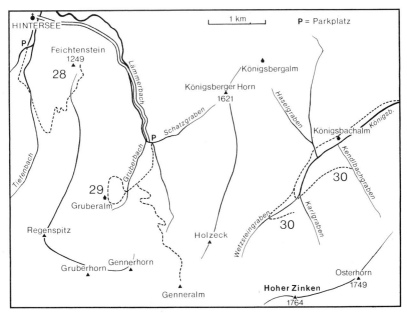

Abb. 26. Routenskizze zu den Exkursionen 28, 29 und 30.

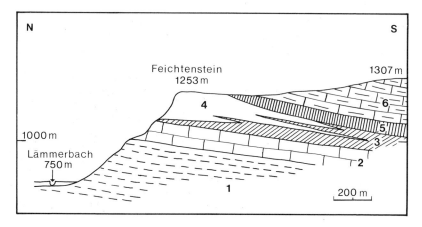

Abb. 27. Profil durch das Feichtensteinriff. – 1: Hauptdolomit, 2: Plattenkalk, 3: Kössener Schichten, 4: Rhätriffkalk, 5: Adneter Kalk, 6: Kiesel- und Radiolaritschichten (Ruhpoldinger Schichten).

sanft bis mittelsteil in östlicher Richtung einfallenden Kössener Mergelkalken. Nur in 1040 m NN schaltet sich noch eine rötlich gefärbte Korallenkalkbank ein. Über den Kössener Schichten folgen zwischen 1090 und 1130 mNN ein hornsteinführender Unterliaskalk und zwischen 1130 und 1150 m NN Adneter Kalk. Am Gatter zur Feichtensteiner Alm kommt man in die sanft ostfallenden Kiesel- und Radiolaritschichten.

In 1225 m NN verläßt man den markierten Weg und wandert gegen Nordosten bis zum nahe der Riffkalkwand gelegenen Feichtensteiner Kreuz. Dabei quert man wieder ein Vorkommen roten Liaskalkes (Adneter Kalk). Aus der Tatsache, daß zwischen diesem und dem unterlagernden Riff keine Kössener Schichten mehr auftreten, kann man schließen, daß der Riffkalk der Feichtenstein-Nordwand seitlich die Kössener Schichten vertritt und das Riff bis zu Beginn des Lias emporwuchs. Der größtenteils umkristallisierte Korallenriffkalk ist weiß bis hellgrau, gelegentlich auch bunt getönt. Wo der Fossilinhalt erhalten ist, erkennt man Korallen, Schwämme (Calcispongien), Hydrozoen, Tabulozoen, Bryozoen und Algen. Zu den Riffbewohnern zählen Muscheln, Schnecken, Brachiopoden, Echinodermen, Foraminiferen. So trifft man z. B. im Gipfelbereich nach Querung des Adneter Kalkes einen megalodontenreichen Riffkalk an.

Exk. 29: Gruberalm (1036 m) am Gruberhorn bei Hintersee (Abb. 26)

Thema: Der in seiner Gipfelregion hornähnliche Landschaftstypus der tirolischen Osterhorngruppe mit seiner horizontal gelagerten Schichtfolge, das oberrhätische Gruberalm-Riff, das Kar der Gruberalm.
Zeitbedarf: 3 bis 4 Stunden.
Ausgangspunkt: Parkplatz Lämmerbach bei Hintersee (801 m NN).
Fußweg: 6 km, 235 m Steigung.
Topographische Karten: ÖK 94 (Hallein) 1:50000, Wanderkarten (siehe S. 126).
Geologische Karte: Blatt Hallein (94) 1:50000, Geol.B.-A., Wien (in Vorbereitung); Aufnahme PLÖCHINGER.
Spezielle Literatur: SCHÄFER & SENOWBARI-DARYAN 1978, SENOWBARI-DARYAN 1978, SENOWBARI-DARYAN & SCHÄFER 1979.

Beschreibung: Knapp vor der Abzweigung der Feichtenstein-Forststraße von der Genneralm-Forststraße kommt man aus dem Niveau des Plattenkalkes in jenes der Kössener Schichten. Um zu der in 1036 m NN gelegenen Gruberalm zu gelangen, folgt man der von der Genneralm-Forststraße abzweigenden Feichtenstein-Forststraße auf ca. 300 m und benutzt dann, kurz nach Querung des Gruberbaches, den Treibweg zur Gruberalm. An ihm trifft man einen über den Kössener Schichten gelegenen sparitischen Korallenkalk, der das Südende des Gruberalmriffes darstellt. In den Gerinnen vor dem Almboden sind südlich des Steiges Adneter Kalk und Ruhpoldinger Schichten aufgeschlossen.
Von der Alm aus genießt man einen herrlichen Blick in das zwischen Gennerhorn (1733 m), Gruberhorn (1734 m) und der Regenspitz (1675 m) gelegene Kar mit den bis zum Karrand reichenden kieseligen Ablagerungen des tiefen Malm und den darüber lagernden Tonigen Oberalmer Kalken mit den gegen das Hangende mächtiger werdenden Barmsteinkalkzwischenlagen. Hinunter nimmt man den zur Feichtenstein-Forststraße führenden, gegen Norden ausholenden Fahrweg. An ihm ist der oberrhätische Riffkalk besonders schön aufgeschlossen. Eine rötlich durchmischte Kalkbank besteht aus einer Lumachelle und ein massiges, hellbräunlichgraues bis rötliches Gestein führt zahlreich riffbildende und riffbewohnende Fossilien (Korallen, Spongien, Bryozoen, Echinodermen, Gastropoden etc.). Auch tritt hier eine rote Liaskalk-Kluftfüllung auf. An der Kehre in 965 m NN zeigt sich der oberrhätische Riffkalk von sanft ENE-fallenden, dunkelgrauen Mergeln der Kössener Schichten unterlagert. Zwischen der Kehre und dem nördlicher gelegenen Seilergraben verzahnt sich der Riffkörper seitlich mit den Kössener Schichten.

Wollte man die Wanderung bis zu der in 1326 m NN gelegenen Jausenstation der Genneralm ausdehnen, hätte man die Möglichkeit, die Formenwelt der Osterhorngruppe zu überblicken.

Exk. 30: Alte Zinkenbachbrücke – Forststraßen Zinkenbach – Königsbachalm – Kendlbachgraben und Wetzsteingraben (Abb. 26, 28, 29 und 30)

Thema: Flysch des Wolfgangseefensters; die ideal aufgeschlossene, vom Rhät in das tiefe Malm reichende Schichtfolge im Osterhorn-Tirolikum; die tiefliassischen Kendlbachschichten und die tiefmalmischen Tauglbodenschichten mit ihren Olistholithen.
Zeitbedarf: Ca. 10 Stunden; bei Fahrterlaubnis bis zur Königsbachalm $1/2$ Tag.
Ausgangspunkt: Zinkenbach (alte Bundesstraße nahe der Zinkenbachbrücke).
Fußweg: Ab Zinkenbach ca. 20 km und rund 450 m Steigung; ab Königsbachalm 6 km und rund 300 m Steigung.
Topographische Karten: ÖK 95 (St. Wolfgang) 1:50 000, Wanderkarten (siehe S. 126).
Geologische Karte: Geologische Karte des Wolfgangseegebietes 1:25 000 (Bearbeiter B. PLÖCHINGER), Geol.B.-A., Wien 1972.
Spezielle Literatur: PLÖCHINGER 1982, VORTISCH 1949, SUESS & V. MOJSISOVICS 1868.

Beschreibung: Östlich des Beginnes der Zinkenbach-Forststraße befinden sich südlich der Brücke der alten Bundesstraße über den Zinkenbach ein Flyschaufschluß des Wolfgangseefensters und der Überschiebungskontakt des Osterhorn-Tirolikums an der Wolfgangseestörung (Abb. 28). Wegen der durch die Bacherosion sich ständig ändernden Aufschlußverhältnisse kann dieser Punkt nur bedingt in das Exkursionsprogramm genommen werden.
Der Zinkenbach quert auf einen Kilometer die Wechselfarbigen Oberalmer Kalke und kommt dann in die meist quartärbedeckten Neokomablagerungen der Kühleiten-Hundsleiten-Synklinale. Am Pracklgraben folgt südlich einer bedeutenden Störung (Stockwerksgleitung) ein flach gelagerter Hauptdolomit, in dem man bis nahe der Königsbachalm bleibt. 800 m nach der Schwarzbachquerung, an der eine Holzerhütte steht und wo man im Bachbett Kössener Mergelkalke beobachten kann, folgt man der nach links abzweigenden, über den Karlgraben führenden Kendlbach-Forststraße. An ihr verbleibt man auf etwa 800 m Erstreckung in den Kössener Schichten.
Nach einer Wendung in die Südostrichtung gelangt man in 920 m NN in die

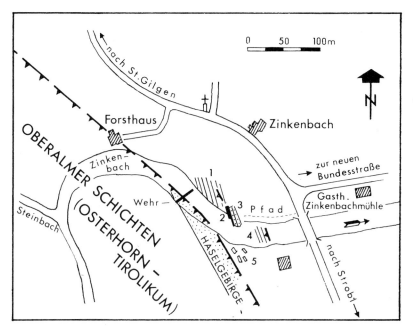

Abb. 28. Geologische Skizze von den Aufschlüssen an der alten Zinkenbachbrücke (B. PLÖCHINGER 1973); 1: schwarze Tonschiefer mit Glaukonitquarzit-Zwischenlagen (Gaultflysch), 2: bunte Flyschschiefer, 3: Reiselsberger Sandstein (Cenoman-Turon), 4: dunkelgraue, schiefrige Unterkreidemergel des Flysches, 5: Blöcke aus Glaukonitquarzit (Gaultflysch).

überlagernden, 8 m mächtigen Kendlbachschichten, bestehend aus 4 m mächtigen, grauen, dezimetergebankten, fraglich bereits liassischen Mergelkalken und Mergelschiefern und einem ebenso 4 m mächtigen Paket ammonitenführender, grauer, mergeliger Kalke des Lias Alpha (mit *Psiloceras* (*Discamphiceras*) *megastoma* (GÜMBEL) etc.). Darüber liegt normal eine wenige Dezimeter mächtige Lage aus ocker gefärbtem, kieseligen, roten Adneter Kalk mit einer im Hangenden abschließenden Konglomeratlage. In einem Erosionsrelief dieser Gesteine liegt eine einige 10 m lange, synsedimentäre Gleitscholle aus oberliassischen Fleckenmergeln (Abb. 29).

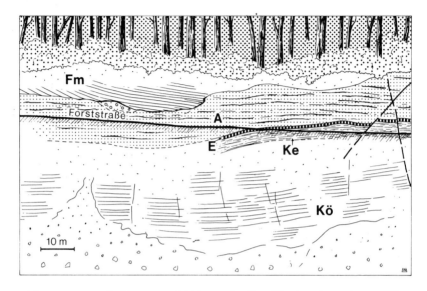

Abb. 29. Die Aufschlüsse am SW-Hang des Kendlbachgrabens, in ca. 920 m NN (B. PLÖCHINGER 1982). Kö: Kössener Schichten, Ke: Kendlbachschichten, E: Enzesfelder Kalk, A: Adneter Kalk, Fm: submarin eingeglittene Scholle aus oberliassischen Fleckenmergeln.

Auf der wieder erreichten Forststraße im Königsbachtal gelangt man bergwärts nach 150 m zu einer ca. 10 m mächtigen oberrhätischen Korallenkalkbank und nach etwa 150 m, am Wetzsteingraben, zu einer Spitzkehre. An der Außenseite der Kehre steht über den z. T. kieseligen, grauen Kendlbachschichten ein Adneter Kalk an, der eine Ammonitenvergesellschaftung des Sinemur bis Pliensbach (*Arietitinae* div.sp, *Asteroceras* sp., *Coroniceras* sp., *Arnioceras*, *Microderoceras davoei* (SOWERBY) etc. (det. R. SIEBER) aufweist.
Von hier weg folgt man dem Weg an der linken Seite des Wetzsteingrabens und kommt nach Querung desselben in 880 m NN zu einer NE-gerichteten Wegstrecke mit absteigender Schichtfolge. Bildhaft schön wird hier demonstriert, wie es zur Zeit der größten Absenkung des Meeresbodens im tiefen Malm zur Bildung der kieseligen Tauglbodenschichten mit ihren Olisthostromablagerungen und der Eingleitung bis hausgroßer Schollen (Olistholithe) gekommen ist

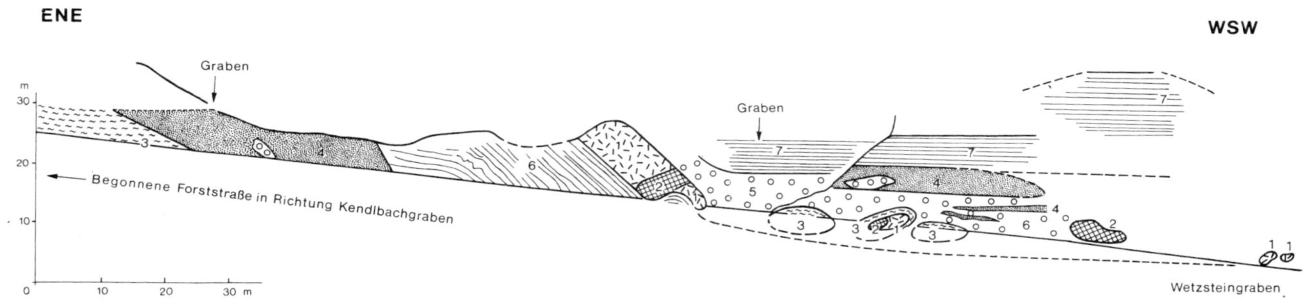

Abb. 30. Ansichtsskizze vom Straßenaufschluß zwischen Wetzstein- und Karlgraben (B. PLÖCHINGER 1982). – 1–3: Olistolithe in den Tauglbodenschichten. 1: Dachsteinriffkalk, 2: rötlicher, brachiopodenführender Liaskalk, 3: Liasfleckenmergel und sandige Liasmergel (auch in der Schichtfolge), 4: biogenschuttreicher, sandiger Mergel mit roten Knollenbrekzien-Linsen (höherer Lias), 5: Konglomerat (Olisthostrom) der Tauglbodenschichten (tiefer Malm), 6: grünlichgraue Mergel der Tauglbodenschichten, gebankt, 7: dünnschichtige, grünliche und rötliche Mergel der Tauglbodenschichten.

(Abb. 30). Unterlagernde bioklastische, ziegelrote, liassische Ablagerungen (Saubachschichten) sind reich an Ammoniten (z.B. *Prodactylioceras* sp. des obersten Unter-Pliensbach), Nautiliden etc.

Exk. 31: Strobl – Schartenalmstraße – Mühlpointwaldparzelle – Schartenalm (1071 m) (Abb. 31, 32 und 33)

Thema: Das Ultrahelvetikum-Flyschfenster bei Strobl, Aussicht.
Zeitbedarf: Ab Parkplatz 2 bis 3 Stunden.
Zufahrt: Schartenalmstraße, die 1 km westlich der Ortsausfahrt Strobl von der Bundesstraße gegen Süden abzweigt. Nach 3 km Parkmöglichkeit an der gegen Westen ausholenden Spitzkehre mit Heuhütte in 850 m NN.
Fußweg: Ca. 1,5 km, 60 m Steigung.
Topographische Karten: ÖK 95 (St. Wolfgang) 1:50000, Wanderkarten (siehe S. 126).
Geologische Karte: Geologische Karte des Wolfgangseegebietes 1:25000 (Bearbeiter B. PLÖCHINGER), Geol.B.-A., Wien 1972; Blatt St. Wolfgang (95) 1:50000 (Bearbeiter B. PLÖCHINGER).
Spezielle Literatur: PLÖCHINGER 1961, 1964a,b, 1971, 1973, 1982.

Beschreibung: Vor Erreichen der in 900 m NN gelegenen Spitzkehre der Schartenalmstraße quert man auf 200 m Erstreckung eine im Winter 1981 vom Fuß der Bleckwand abgegangene, kilometerlange Rutschung. Tonige Sedimente des

▶

Abb. 31. Geologische Kartenskizze zu den Exkursionen 31 und 32. – Quartär. 1: Holozän (Alluvium) i.a., 2: Bergsturzmaterial, Blockwerk, Schutt, 3: Rutschungen, 4: Pleistozän (Diluvium). – Ultrahelvetikum. 5: eozäne Buntmergel, 6: Eruptivgestein (Tithon), 7: roter Tithonkalk und gefleckte Mergel der Unterkreide. – Flysch. 8: Reiselsberger Sandstein, 9: Gaultflysch, größtenteils unter Schuttbedeckung. – Kalkalpen. 10: Nierentaler Schichten, 11: graue Gosaumergel und -sandsteine, 12: Rudistenkalk, 13: Gosaugrundkonglomerat, 14: sandige Neokommergel, 15: Plassenkalk, 16: Oberalmer Schichten, 17: Kiesel- und Radiolarit (Ruhpolding) Schichten, 18: bunte Liaskalke (vorwiegend Adneter Kalk), 19: Liasfleckenmergel, 20: massiger Rhät-Liaskalk, Hierlatzkalk, 21: Kössener Schichten, Plattenkalk, gebankter Dachsteinkalk, 22: Hauptdolomit, 23: Werfener Schichten, Haselgebirge.

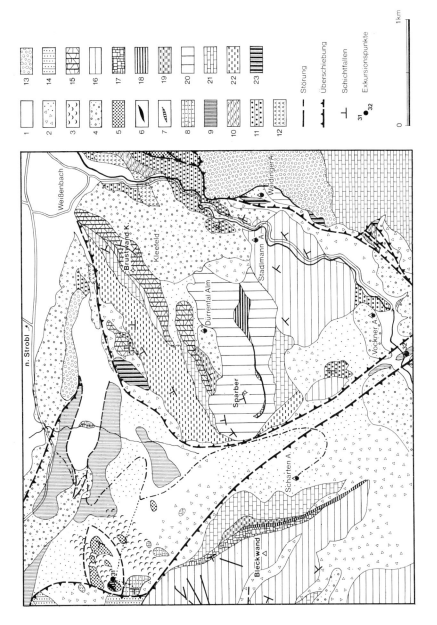

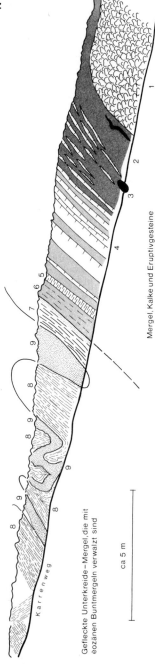

Abb. 32. Aufschluß der Klippen-Buntmergelserie (Ultrahelvetikum) in der Mühlpoint-Waldparzelle (B. PLÖCHINGER 1982). – 1: Eruptivgestein (Diabas, etwas Gabbro, Serpentin, Ophicalcit) mit Pillowlava-Struktur, 2: rote Mergel mit roten Kalklinsen und Gabbrogeröll (=3), 4: roter, kieseliger Kalk und rote Mergelschiefer des Tithon mit Diabasgeröllen, 5: grünlichgrauer Mergel, 6: roter, schiefriger Mergelkalk, 7: graugrüne Mergelschiefer, 8: gefleckte Mergel der Unterkreide, 9: rote eozäne Mergelschiefer.

Fensters und vielleicht auch des Fensterrahmens (Haselgebirge) bildeten die Voraussetzung dazu. Nach einer viertelstündigen Wanderung auf dem von der Kehre gegen Nordwesten abzweigenden Karrenweg erreicht man den schönsten Klippen-(Ultrahelvetikums-)Aufschluß im Strobler Teilfenster. Dünnschichtige rote, mitteleozäne Buntmergel der Klippenhülle ruhen transgressiv den zur Klippe gehörenden, gefleckten Mergeln der hohen Unterkreide auf und sind miteinander verfaltet. Wenige Schritte weiter ist an der südlichen Wegböschung im stratigraphisch Liegenden ein ca. 3 m mächtiger roter, mit Mergeln wechsellagernder, fossilführender Tithonkalk aufgeschlossen, in dem Diabas- und Gabbrogerölle einsedimentiert sind. Das normale Liegende dieses Kalkes bildet ein 4–5 m mächtiges dunkelgrünes Eruptivgestein aus Diabas, etwas Gabbro, Serpentin und Ophicalzit in Kissenlavastruktur. Das Gestein ist als Anzeichen für die einstige Nähe der ozeanischen Kruste deutbar (Abb. 32). Ein über den Erruptivgesteinskörper gegen Süden führender Steig kommt in 880 m NN zu dem tektonisch flach über dem Ultrahelvetikum liegenden Flysch, einem Reiselsberger Sandstein des Cenoman-Turon. Damit besteht eine Analogie zu den tektonischen Verhältnissen an der Grestener Klippenzone.
Bei der Weiterfahrt zur Schartenalm kommt man an Blockwerk aus Reiselsberger Sandstein vorbei. Auf der Schartenalm (1051 m) hat man, über das Tirolikum hinweg, Aussicht zur imposanten Überschiebungsfront der Dachsteindecke an der Gamsfeldmasse.

Exk. 32: Strobler Weißenbachtal (Abb. 31 und 33)

Thema: Gosauablagerungen, Wechselfarbige Oberalmer Schichten, erdölführender Gaultflysch am Südostende des Strobler Teilfensters des Wolfgangseefensters.
Zeitbedarf: 3 Stunden.
Ausgangspunkt: Parkplatz des Sägewerkes in Weißenbach.
Fußweg: Vom Sägewerk Weißenbach (565 m NN) entlang der Postalm-Mautstraße bis südlich Ghf. Waldheimat und zurück ca. 8 km.
Topographische Karten: ÖK 95 (St. Wolfgang) 1:50 000, Wanderkarten (siehe S. 126).
Geologische Karte: Geologische Karte des Wolfgangseegebietes 1:25 000 (Bearbeiter B. PLÖCHINGER), Geol.B.-A., Wien 1972; Blatt St. Wolfgang (95) 1:50 000 (Bearbeiter B. PLÖCHINGER), Geol.B.-A., Wien 1982.
Spezielle Literatur: PLÖCHINGER 1961, 1964, 1973, 1982.

Beschreibung: 300 m südlich des Ausgangspunktes durchbricht der Weißenbach den hellen Rudistenriffkalkfels der Häuslwand. Er gehört zur tieferen, in das Coniac-Santon zu stellenden fossilreichen Gosau am Dach der Sparber-Schuppe und wird am Osthang des Tales von den roten, foraminiferenreichen Nierentaler Schichten normal überlagert. Diesen Schichten sind die grauen Gosaumergel und -sandsteine gegen NW aufgeschuppt, die in der Folge mit steilem ESE-Fallen im Bachbett und an der östlichen Talflanke aufgeschlossen sind. Sie führen *Barroisiceras haberfellneri* (HAUER), *Pecten*, Cardien, Schnecken, Foraminiferen (*Globotruncana schneegansi* SIGAL) und sind in das Coniac/Santon

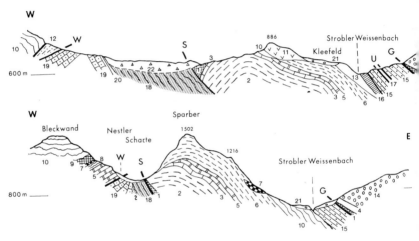

Abb. 33. Geologische Profile durch die Sparberschuppe (B. PLÖCHINGER 1973). – 1: Haselgebirge, Werfener Schiefer, 2: Hauptdolomit, 3: Plattenkalk, 4: bunter Rhätkalk, 5: Kössener Schichten, 6: heller Rhät-Liaskalk, Hierlatzkalk, 7: bunter Liaskalk, 8: Liasfleckenmergel, 9: Kiesel- und Radiolarit-(Ruhpoldinger) Schichten, 10: Wechselfarbige Oberalmer Kalke, 11: Plassenkalk, 12: Neokommergel, 13: Hippuritenkalk, 14: Gosaubasiskonglomerat, 15: graue Gosaumergel und Sandsteine (Coniac), 16: bunte Gosaumergel des höheren Senon (Nierentaler Schichten), 17: eozäne Buntmergel des Ultrahelvetikums, 18: Gaultflysch, 19: Reiselsberger Sandstein, 20: bunte Flyschschiefer, 21: Moränenmaterial, 22: Hangschutt und Blockwerk. W: Wolfgangseestörung, S: Überschiebung der Sparberschuppe, U: Einschuppung ultrahelvetischer Buntmergel, G: Überschiebung der Gamsfeldmasse (Dachsteindecke).

zu stellen. Ihre Schichtstellung entspricht dem nachgosauischen Nordschub der zur Dachsteindecke gehörenden Gamsfeldmasse. Für die große Intensität dieser Überschiebung spricht vor allem die Einschuppung eozäner Buntmergel des Ultrahelvetikums, wie man sie an dem von Osten in den Weißenbach einmündenden Unkelbach beobachten kann. Auffallender allerdings ist die Überschiebung der am Nordrand der Gamsfeldmasse verbreiteten Gosaukonglomerate mit basalem Haselgebirge auf die Gosausedimente im Dach der Sparberschuppe. Große Blöcke dieses Konglomerates sieht man nach einer Brücke an der östlichen Talböschung.

In der Klamm liegen Wechselfarbige Oberalmer Kalke der Sparberschuppe vor. Die biogenreichen Kalke führen z. B. die Alge *Thaumatoporella parvovesiculifera* (RAINERI) und die Foraminifere *Protopeneroplis striata* WEYNSCHENK.

150–200 m WSW Gasthof Waldheimat stehen am rechten Weißenbachufer und im Bachbett Gaultflyschsedimente des über die Schartenalm streichenden Wolfgangseefensters an. Es sind dunkle Tonschiefer mit linsig verwalzten kieseligen Mergeln und quarzitisch-glaukonitischen Sandsteinen. In kalzitverheilten Klüften dieses Sandsteines findet sich ein dunkelbraunes, zähflüssiges Erdöl.

Exk.: 33: St. Wolfganger Schafberg (1783 m) – Spinnerin (1719 m); Abb. 20

Thema: Rundblick vom Schafberggipfel (1783 m) und Besuch des brachiopodenführenden Crinoidenkalkes an der Spinnerin (1719 m).
Zeitbedarf: 3 bis 4 Stunden.
Ausgangspunkt: Parkplatz Schafbergbahn, St. Wolfgang.
Fußweg: Ca. 3 km, 60 m Steigung, alpin.
Topographische Karten: ÖK 95 (St. Wolfgang) 1:50 000 und ÖK 65 (Mondsee) 1:50 000, Wanderkarten (siehe S. 126).
Geologische Karte: Geologische Karte des Wolfgangseegebietes 1:25 000 (Bearbeiter B. PLÖCHINGER), Geol.B.-A., Wien 1972.
Spezielle Literatur: PLÖCHINGER 1973, SPENGLER 1911.

Beschreibung: Während der langsamen Bergfahrt mit der Zahnradbahn lohnt es sich, einen Blick in die obgenannte geologische Karte zu werfen, um die Felsen entlang der Strecke richtig zu deuten.
Vom nördlich der Bergstation gelegenen Schafberggipfel (1783 m) aus hat man einen wunderbaren Rundblick. Im Norden liegt die Flyschzone mit den in ihr eingebetteten Seen, dem Mond- und Attersee, eine Landschaft, die Zeugnis gibt von dem hier einst gegen Westen abfließenden Hauptast des Traungletschers.

Das Ischl-Wolfgangseetal südlich des Standortes wurde von dem ebenso gegen Westen abfließenden Seitenzweig des Traungletschers ausgehobelt. Über die Mittelgebirgslandschaft der Osterhorngruppe hinweg erblickt man die Kulisse der kalkhochalpinen Plateauberge des Dachsteins, des Tennengebirges, des Hochkönigs und des Untersberges. Am nächsten kommt die plateautragende Gamsfeldmasse.

Etwa 500 m ostsüdost der Schafbergbahnstation Schafberghotel liegt, etwa 100 m westsüdwest des Gipfels der Spinnerin (1719 m), eine leicht zu erreichende Brachiopodenfundstelle im liassischen Crinoiden-(Hierlatz-)Kalk. An dieser Stelle wurden die Formen *Terebratula helenae* RENZ, *Prionorhynchia greppini* (OPPEL) und *Zeilleria alpina* (GEYER) aufgesammelt.

Exk. 34: Oberburgau am Mondsee – Eisenauer Alm (Buchberghütte, 1015 m) – Suissensee – Mittersee (ca. 1460 m)

Thema: Die mitteltriadische bis liassische Schichtfolge des Schafberg-Tirolikums im Profil durch die Nordseite der Schafbergmasse; das Faltungsphänomen an der Nordseite des Schafbergzuges.
Zeitbedarf: Ein Tag (mindestens 6 Stunden).
Ausgangspunkt: Oberburgau am Ostende des Mondsees.
Fußweg: Ca. 8 km, 762 m Steigung, alpin (Bergausrüstung).
Topographische Karten: ÖK 65 (Mondsee) 1:50 000, Wanderkarten (siehe S. 126).
Geologische Karte: Geologische Karte des Wolfgangseegebietes 1:25 000 (Bearbeiter B. PLÖCHINGER), Geol.B.-A., Wien 1972.
Spezielle Literatur: JANOSCHEK 1970, PLÖCHINGER 1973.

Beschreibung: Von der Mondseebucht in Oberburgau (500 m NN) aus folgt man dem markierten Steig zur Eisenauer Alm. In ca. 700 m NN erreicht man den aus Wettersteinkalk bestehenden Nordrand der tirolischen Staufen-Höllengebirgsdecke. Die hier tiefste kalkalpine Decke, die geringmächtige hochbajuvarische Decke, ist auf dieser Strecke von Bergsturzmaterial und Schutt bedeckt. Wollte man ihre Mergel der hohen Unterkreide (Apt/Alb) kennen lernen, müßte man bis knapp östlich Hotel Kreuzstein am Mondsee, das ist ca. 2,5 km westlich von Oberburgau, fahren und entlang des Atterbaches ca. 250 m bergauf gehen. Die bankigen, grauen, dunkelgefleckten Mergelkalke führen hier in ihren weicheren Mergelschiefer-Zwischenlagen eine reiche Foraminiferenfauna des Apt/Alb (z. B. *Gavelinella* ex gr. *intermedia* (BERTHELIN), *Conorotalites bartensteini* ex gr. *aptiensis* (BETTENSTÄDT); det. R. OBERHAUSER).

Abb. 34. Blick von der Törlklamm zur Spinnerin (B. PLÖCHINGER 1973); roter Mitteliaskalk (2) und Ruhpoldinger Schichten (3) sind in der gegen Norden überkippten Hauptsynklinale in helle rhätisch-liassische Kalke und leicht rötliche Crinoiden-(Hierlatz-)kalke (1) eingefaltet. Dabei füllt der rote Mittelliaskalk weite, in das Gestein des Liegendschenkels eingreifende Klüfte.

Bei Verfolgung des zur Eisenauer Alm (Buchberghütte, 1025 m NN) führenden Steiges gelangt man vom hellen Wettersteinkalk alsbald in den hangenden, zuckerkörnigen Wettersteindolomit (Ladin). An der Kote 1026 öffnet sich das weite Almengelände. Die Verebnung ist an die leicht erodierbaren und ausräumbaren, karnischen Sedimente geknüpft, die hier unter einer Moränenbedeckung anzutreffen sind. Ein Abstecher von der Buchberghütte in Richtung Hotel Kreuzstein (Markierung 19) führt nach ca. 300 m zu gut aufgeschlossenen Raibler Schichten (Karn) des Schafberg-Tirolikums (Schafberg-Schuppe). Es sind pflanzenfossilreiche, dunkelgraue Tonschiefer und Sandsteine sowie dunkelgraue, tonige Kalke, die zahlreich die Muschel *Ostrea (Alectryonia) montis caprilis* KLIPSTEIN führen.

Zur Alm zurückgekehrt, setzt man den Aufstieg in Richtung zum Schafberg fort, erreicht bei ca. 1100 m NN den Hauptdolomit (Nor) und bei ca. 1400 m NN den mittelsteil bis steil SSW-fallenden Plattenkalk (Nor/Rhät). In seinem Streichen wandert man auf dem Fr. Wolfweg gegen Ostsüdosten am Suissensee (1432 m) vorbei bis zum Mittersee. Auf der sanft in dieser Richtung ansteigenden Hangstufe mit den genannten hübschen Karseen kommt man in den vollen Genuß des Anblickes der romantischen Kulisse der Schafberg-Nordwände. Vom Bereich des Mittersees aus läßt sich an der Nordwand der Spinnerin die Hauptsynklinale des gegen Norden überkippten Faltensystems des Schafberg-Gipfelzuges betrachten (Abb. 34). Bunte Mittelliaskalke und bunte kieselige Schiefer des tiefen Malm (Ruhpoldinger Schichten) sind hier in den massigen Rhät/Liaskalk eingefaltet. Der helle Rhätkalk ist eng mit dem Crinoiden-(Hierlatz-)Kalk des Gipfelkammes verbunden. Klar kommt das Eingreifen des bunten Mittelliaskalkes in Zerrklüfte des massigen Rhät/Liaskalkes zum Ausdruck. Das verweist auf die Zerreissung der triadischen Plattform zu Beginn der jurassischen Absenkung.

Literatur- und Kartenverzeichnis

AMPFERER, O. (1936): Die geologische Bedeutung der Halleiner Tiefbohrung. – Jb. Geol.B.-A., Wien.

ANGERMAYER, H. (o. J.): Führer durch die Eisriesenwelt. – Rother Verlag, München.

BAUER, F. K. & SCHERMANN, O. (1971): Über eine Pechblende-Gold-Paragenese aus dem Bergbau Mitterberg, Salzburg (ein Vorbericht). – Vh. Geol. B.-A., **1971**, H.4, Wien.

BECKER, P., MEIXNER, H. & TICHY, G. (1977): Exkursion H 7: Die „Marmore" von Adnet und vom Untersberg bei Salzburg. – Der Karinthin, 77, Salzburg.

BERNOULLI, D. & JENKYNS, H. C. (1970): A Jurassic Basin: The Glasenbach Gorge, Salzburg, Austria. – Vh.Geol.B.-A., **1970**, H.4, Wien.

BITTNER, A. (1883): Der Untersberg und die nächste Umgebung von Golling. – Vh.Geol.B.-A.

BÖGEL, H. (1971): Beitrag zum Aufbau der Reiteralm-Decke und ihrer Umrandung (Berchtesgadener Alpen). – Diss. Naturwiss. Fak., München.

BRINKMANN, R. (1934): Zur Schichtfolge und Lagerung der Gosau in den nördlichen Ostalpen. – Sitz. Ber. Preuß. Akad. Wiss., phys.-math. Kl., **28**, Berlin.

– (1935): Bericht über vergleichende Untersuchungen in den Gosaubecken der nördlichen Ostalpen. – Sitz. Ber. Österr. Akad. Wiss., math.natw. Kl., Abt. I, Wien.

CORNELIUS, H. P. & PLÖCHINGER, B. (1952): Der Tennengebirgs-N-Rand mit seinen Manganerzen und die Berge im Bereich des Lammertales. – Jb.Geol.B.-A., **95**, Wien.

DEL NEGRO, W. (1968): Zur Herkunft der Hallstätter Gesteine in den Salzburger Kalkalpen. – Vh.Geol.B.-A., **1968**, Wien.

– (1970): Salzburg. – 2. Aufl., Vh.Geol.B.-A., Bundesländerserie, Geol.B.-A., Wien.

– (1972): Zur tektonischen Stellung des Hohen Göll (Salzburger Kalkalpen). – Vh.Geol.B.-A., **1972**, Wien.

– (1979 a): Der Bau der Gaisberggruppe. – Mitt. Ges. Salzb. Landeskde., **119**, Salzburg.

– (1979b): Erläuterungen zur Geologischen Karte der Umgebung der Stadt Salzburg 1:50000. – Geol.B.-A., Wien.

DOLAK, E. A. (1948): Das Juvavikum der unteren Lammer. – Diss. Geol. Inst. Univ. Wien, Wien.

FAUPL, P. (1979): Turbiditserien in den Kreideablagerungen des Ostalpins und ihre paläogeographische Bedeutung. Aspekte der Kreide Europas. – JUGS Series A, 6, Stuttgart.

FAUPL, P. & TOLLMANN, A. (1979): Die Roßfeldschichten: Ein Beispiel für Sedimentation im Bereich einer tektonisch aktiven Tiefseerinne aus der kalkalpinen Unterkreide. – Geol. Rdsch., 68, H.1, Stuttgart.

FENNINGER, A. & HOLZER, H. (1970): Fazies und Paläogeographie des oberostalpinen Malm. – Mitt. Geol. Ges. Wien, 63, Wien.

FISCHER, A. G. (1964): The Lofer Cyclothems in the Alpine Triassic. – Kansas Geol. Survey Bull. 169, Lawrence.

FLÜGEL, E. & TIETZ, G. F. (1971): Über die Ursachen der Buntfärbung in Oberrhät-Riffkalken (Adnet, Salzburg). – N.Jb.Geol.Pal.Abh., 139, 1, Stuttgart.

FRIEDRICH, O. M. (1967): Bemerkungen zu einigen Arbeiten über die Kupferlagerstätte Mitterberg und Gedanken über ihre Genesis. – Arch. f. Lagerstättenforschg. in den Ostalpen, 5, Leoben.

FUGGER, E. (1907): Die Salzburger Ebene und der Untersberg. – Jb.Geol.R.-A., 57, Wien.

GANSS, O., KÜMEL, F. & SPENGLER, E. (1954): Erläuterung zur geologischen Karte der Dachsteingruppe 1:25000.– Wiss. Alpenvereinsh. 15, Innsbruck.

GOLDBERGER, J. (1979): Salzburger Wanderungen 1. Tyrolia-Verl., Innsbruck-Wien-München.

GRUBINGER, H. (1953): Geologie und Tektonik der Tennengebirgs-Südseite. – Kober-Festschr., Wien.

GÜNTHER, W. & TICHY, G. (1980a): Manganberg- und Schurfbaue im Bundesland Salzburg. – Mitt. Ges. Salzbg. Landeskde., 119, 1979, Salzburg.

– – (1980b): Die Ölschieferschurfbaue im Bundesland Salzburg. – Mitt. Ges. Salzbg. Landeskd. 119, 1979, Salzburg 1980b.

– – (1980c): Kohlevorkommen und -schurfbaue im Bundesland Salzburg. – Mitt. Ges. Salzbg. Landeskde., 119, 1979, Salzburg.

HAGN, H. (1957): Das Profil des Beckens von Gosau (Österr. Kalkalpen) in mikropaläontologischer Sicht. – Anz. Österr. Akad. Wiss., math.natw.Kl., Wien.

HÄUSLER, H. (1979): Zur Geologie und Tektonik der Hallstätter Zone im Be-

reich des Lammertales zwischen Golling und Abtenau (Sbg.). – Jb.Geol.B.-A., **122**, H.1, Wien.
– (1980): Zur tektonischen Gliederung der Lammer-Hallstätter Zone zwischen Golling und Abtenau (Salzburg). – Mitt. Österr. Geol. Ges., **71/72**, Wien.

HÄUSLER, H. & BERG, D. (1980): Neues zur Stratigraphie und Tektonik der Hallstätter Zone am Westrand der Berchtesgadener Masse. – Vh.Geol.B.-A., **1980**, Wien.

HEISSEL, W. (1953): Zur Stratigraphie und Tektonik des Hochkönigs (Salzburg) mit Beitrag von H. ZAPFE. – Jb.Geol.B.-A., **96**, H.2, Wien.
– (1955): Die „Hochalpenüberschiebung" und die Brauneisenerzlagerstätten von Werfen-Bischofshofen (Salzburg). – Jb.Geol.B.-A., 1955, **98**, H.2, Wien.

HEISSEL, W. (1968): Die Großtektonik der westlichen Grauwackenzone und deren Vererzung, mit besonderem Bezug auf Mitterberg. – Zsch. f. Erzbergbau u. Metallhüttenwesen, **21**, H.5, Stuttgart.

HÖCK, V. & SCHLAGER, W. (1964): Einsedimentierte Großschollen in den jurassischen Strubbergbrekzien des Tennengebirges (Salzburg). – Anz. Österr. Akad. Wiss., math.natw.Kl., **101**, Wien.

HOLZER, H. (1980): Mineralische Rohstoffe und Energieträger.- In: Der geologische Aufbau Österreichs (Red. R. OBERHAUSER), Springer-Verlag. Wien-New York.

HUDSON, J. D. & JENKYNS, H. C. (1969): Conglomerats in the Adnet Limestones of Adnet (Austria) and the origin of the „Scheck". – N.Jb.Geol.Pal.Mh., Stuttgart.

JANOSCHEK, W. (1970): Bericht 1969 über Aufnahmen am Kalkalpen-Nordrand auf Blatt 65 (Mondsee). – Verh.Geol.B.-A., H.5, A 33, Wien.

KIESLINGER, A. (1964): Die nutzbaren Gesteine Salzburgs. – 4. Erg. Bd. Mitt. Ges. Salzbg. Landeskde., Verl. „Das Bergland-Buch", Salzburg/Stuttgart.

KIRCHNER, E. (1977): Exkursion M 5 und M 6: Die Gips- und Anhydritlagerstätten um Golling und Abtenau und die Breunneritlagerstätte von Diegrub bei Abtenau. – Der Karinthin, Salzburg.

KOLLMANN, H. (1980): Gastropoden aus der Sandkalkbank (Hochmoosschichten, Obersanton) des Beckens von Gosau (O.Ö.). – Österr. Paläont. Ges., ZAPFE-Festschrift, Wien.

KOLLMANN, H. A. & SUMMESBERGER, H. (1982): Excursions to Coniacian-Maastrichtian in the Austrian Alps. – WGCM – 4thMeeting (1982) Gosau-Basins in Austria.

KRYSTYN, L.: Zur Grenzziehung Karn-Nor mit Ammoniten und Conodonten. – Anz. d. math. natw.Kl. Österr. Akad. Wiss., **1972**, Wien 1974.

- (mit Beitr. von PLÖCHINGER, B. und LOBITZER, H. (1980): Triassic Conodont localities of the Salzkammergut region (Northern Calcareous Alps). – Abh.Geol.B.-A., 35, Wien.
KRYSTYN, L., SCHÄFFER, G. & SCHLAGER, W. (1969): Stratigraphie und Sedimentationsbild obertriadischer Hallstätterkalke des Salzkammergutes. – Anz. Österr. Akad. Wiss. Wien, math.natw., 105, Wien.
KÜHN, O. (1947): Zur Stratigraphie und Tektonik der Gosauschichten. – Sitz. Ber. Österr. Akad. Wiss., math.natw.Kl., Abt. I, 156, Wien.
KÜHNEL, J. (1925): Zur tektonischen Stellung des Göll im Berchtesgadner Land. – Geol. Rsch., 16, Berlin.
- (1929): Geologie des Berchtesgadener Salzberges. – N. Jb. Min. etc., Geol. Pal., Abt. B, Beil. Bd. 61, Stuttgart.
KÜPPER, K. (1956): Stratigraphische Verbreitung der Foraminiferen in einem Profil aus dem Becken von Gosau (Grenzbereich Salzburg-Oberösterreich). – Jb.Geol.B.-A., 99, Wien.
LEIN, R. (1976): Neue Ergebnisse über die Stellung und Stratigraphie der Hallstätter Zone südlich der Dachsteindecke. – Sitzber. Österr. Akad. Wiss. Wien, math.natw.Kl. Abt. I, 184, Wien.
LECHNER, K. & PLÖCHINGER, B. (1956): Die Manganlagerstätten Österreichs. – Symp. sobre yacimientos de Manganese. – XX. Congr. Geológico Int., T. V Europa, Mexico.
MATURA, A. & SUMMESBERGER, H. (1980): Geology of the Eastern Alps (An Excursion Guide) Mit einigen Beiträgen. – Abh. Geol.B.-A., 26. C.G.J., 34, Wien.
MEDWENITSCH, W. (1960): Zur Geologie des Halleiner Salzberges; die Profile des Jakobberg- und Wolfdietrichstollens. – Mitt. Geol. Ges. in Wien, 51, 1958, Wien.
- (1964): Zur Geologie des Halleiner Salzbergbaues (Dürrnberg) – (In:) Exk. Führer f. d. Achte Mikropal. Koll. in Österr. – Mitt. Geol. Ges., 57, Wien.
MEIXNER, H. (1974): Die Erz- und Minerallagerstätten Salzburgs. – Berg. u. Hüttenmänn. Mh., 119.
MOSTLER, H. & ROSSNER, R. (1977): Stratigraphisch-fazielle und tektonische Betrachtungen zu Aufschlüssen in skyth-anisischen Grenzschichten im Be reich der Annaberger Senke (Salzburg, Österreich). – Geol. Paläont. Mitt. Innsbruck, 6, Innsbruck.
OBERHAUSER, R. (1963): Die Kreide im Ostalpenraum Österreichs in mikropaläontologischer Sicht. – Jb. Geol.B.-A., 106, Wien.
OSBERGER, R. (1952): Der Flysch-Kalkalpenrand zwischen der Salzach und

dem Fuschlsee. – Sitzber. Österr. Akad. Wiss., math.natw.Kl., Abt. I, **161**, Wien.

PETRASCHECK, W. E. (1947 a): Der tektonische Bau des Hallein-Dürrnberger Salzberges. – Jb. Geol.B.-A., **90** (1945), Wien.

– (1947 b): Der Gipsstock von Grubach bei Kuchl. – Vh. Geol.B.-A., **1947**, 8, Wien.

PICHLER, H. (1963): Geologische Untersuchungen im Gebiet zwischen Roßfeld und Markt Schellenberg im Berchtesgadener Land. – Beih. Geol. Jb., **48**, Hannover.

PIPPAN, T. (1957): Anteil von Glazialerosion und Tektonik an der Beckenbildung am Beispiel des Salzachtales. – Z. Geomorph., **1**, H.1, Borntraeger, Berlin.

PLÖCHINGER, B. (1953): Der Bau der südlichen Osterhorngruppe und die Tithon-Neokomtransgression. – Jb. Geol.B.-A., **96**, Wien.

– (1955): Zur Geologie des Kalkalpenabschnittes vom Torrener Joch bis zum Ostfluß des Untersberges; die Göllmasse und die Halleiner Hallstätter Zone. – Jb. Geol.B.-A., 1955, **98**, H.1, Wien.

– (1964 a): Die tektonischen Fenster von St. Gilgen und Strobl am Wolfgangsee (Salzburg, Österreich). – Jb. Geol.B.-A., **107**, Wien.

– (1964 b): D II Exkursion in den Grünbachgraben am Untersberg-Ostfuß (Salzburg). – (In:) Exk. Führer f. d. Achte Mikropal. Koll. in Österr. – Mitt. Geol. Ges., **57**, Wien.

– (1968): Die Hallstätter Deckscholle östlich von Kuchl/Salzburg und ihre in das Aptien reichende Roßfeldschichten-Unterlage. – Vh. Geol.B.-A., **1968**, Wien.

– (1971): Neue Aufschlüsse in den tektonischen Fenstern am Wolfgangsee. – Vh. Geol.B.-A., **1971**, H.3, Wien.

– (1973): Erläuterungen zur Geologischen Karte des Wolfgangseegebietes 1:25 000. – Geol.B.-A., Wien.

– (1974): Gravitativ transportiertes permisches Haselgebirge in den Oberalmer Schichten (Tithonium, Salzburg). – Vh. Geol.B.-A., **1974**, Wien.

– (1975 a): Das Juraprofil an der Zwölferhorn-Westflanke (Nördliche Osterhorngruppe, Salzburg). – Vh. Geol.B.-A., **1975**, Wien.

– (1975 b): Das Wolfgangseegebiet – geologisch betrachtet. – In L. ZILLER: Vom Fischerdorf zum Fremdenverkehrsort, Geschichte Sankt Gilgens und des Aberseelandes; Heimatbuch St Gilgen, 1. Teil.

– (mit Beiträgen von K. BADER und H.L. HOLZER) (1976): Die Oberalmer

Schichten und die Platznahme der Hallstätter Masse in der Zone Hallein-Berchtesgaden. – N. Jb. Geol. Pal. Abh., **151**, 3, Stuttgart.
- (1977): Die Untersuchungsbohrung Guthratsberg B I südlich St. Leonhard (Salzburg). – Vh. Geol.B.-A., **1977**, H.1, Wien.
- (1979): Argumente für die intramalmische Eingleitung von Hallstätter Schollen bei Golling (Salzburg). – Vh. Geol.B.-A., **1979**, 2, Wien.
- (1980): Die Nördlichen Kalkalpen. – In: Der geologische Aufbau Österreichs (Red. R. OBERHAUSER), Springer-Verl., Wien.
- (mit Beiträgen von H. A. KOLLMANN, W. KOLLMANN, G. SCHÄFFER, D. VAN HUSEN) (1982): Erläuterungen zu Blatt 95 St. Wolfgang im Salzkammergut. – Geol.B.-A., Wien.

PLÖCHINGER, B. & OBERHAUSER, R. (1956): Ein bemerkenswertes Profil mit rhätisch-liassischen Mergeln am Untersberg-Ostfluß (Salzburg); Vh. Geol.B.-A., H.3, Wien.

POKORNY, A. (1959): Die Actaeonellen der Gosauformation. – Sitz. Ber. Österr. Akad. Wiss., math.natw.Kl. Abt. I, **168**, Wien.

PREY, S. (1980): Das Frühalpidikum. – In: Der geologische Aufbau Österreichs (Red. R. OBERHAUSER), Springer-Verlag, Wien-New York.

REISENBICHLER, H. (Red.) (1978): Salzbergwerk Dürrnberg. – (Hrsg.): Österr. Salinen, Salzburg.

ROSSNER, R. (1972): Die Geologie des nordwestlichen St. Martiner Schuppenlandes am Südostrand des Tennengebirges (Oberostalpin). Erlangen Geol. Abh. **89**, Erlangen.

ROSSNER, R. (1977): N-Vergenz oder S-Vergenz im Schuppenbau der Werfen-St. Martiner Zone (Nordkalkalpen, Österreich). – N. Jb. Geol. Pal. Mh., **1977**, Stuttgart.

SCHÄFER, P. (1979): Fazielle Entwicklung und palökologische Zonierung zweier obertriadischer Riffstrukturen in den Nördlichen Kalkalpen („Oberrhät"-Riff-Kalke, Salzburg). – Facies, **1**, Erlangen.

SCHÄFER, P. & SENOWBARI-DARYAN, B. (1978a): Die Häufigkeitsverteilung der Foraminiferen in drei oberrhätischen Riff-Komplexen der nördlichen Kalkalpen (Salzburg, Österreich). – Vh. Geol.B.-A., 1978, H.2, Wien.

– – (1978b): Neue Korallen (Scleractinia) aus oberrhät. Riffkalken südlich von Salzburg (Nördliche Kalkalpen, Österreich). – Senck. leth., **59**, 1/3, Frankfurt/Main.

SCHLAGER, M. (1930): Zur Geologie des Untersberges bei Salzburg. – Vh. Geol.B.-A., **1930**, Wien.

- (1954): Der geologische Bau des Plateaus von St. Kolomann. – Mitt. Naturw. Arbeitsgem. Haus Natur Salzburg, Salzburg.
SCHLAGER, M. & SCHLAGER, W. (1970): Über die Sedimentationsbedingungen der jurassischen Tauglbodenschichten (Osterhorngruppe, Salzburg). – Anz. Akad. Wiss., Wien, math.natw.Kl., **106**, Wien.
SCHLAGER, W. (1966): Fazies und Tektonik am Westrand der Dachsteinmasse I. – Vh. Geol.B.-A., **1966**, Wien.
- (1967a): Fazies und Tektonik am Westrand der Dachsteinmasse II. – Mitt. Ges. Geol. Bergbaustud., **17**, Wien.
- (1967b): Hallstätter und Dachsteinkalk-Fazies am Gosaukamm und die Vorstellung ortgebundener Hallstätter Zonen in den Ostalpen. – Vh. Geol.B.-A., **1967**, Wien.
- (1969): Das Zusammenwirken von Sedimentation und Bruchtektonik in den triadischen Hallstätterkalken der Ostalpen. – Geol. Rdsch., **59**, Stuttgart.
SCHLAGER, W. & SCHLAGER, M. (1973): Clastic sediments associated with radiolarits (Tauglboden-Schichten, Upper Jurassic, Eastern Alps). Sedimentology, **20**, Amsterdam.
SCHRAMM, J. & TICHY, G. (1980): The Graywake Zone in Salzburg. – In A. TOLLMANN: Geology and Tectonics of the Eastern Alps (Middle Sector). – Outline of the Geology of Austria and selected Excursions. – Abh. Geol.B.-A., Wien.
SCHAUBERGER, O. (1953): Salzlagerstätte Dürrnberg – Hallein. – Exkursionsführer Mineralogentagung, Leoben.
SEEFELDNER, E. (1951): Die Entstehung der Salzachöfen. – Mitt. Salzb. Landeskunde.
- (1961): Salzburg und seine Landschaften. – Berglandbuch, Salzburg.
SENOWBARI-DARYAN, B. (1980): Fazielle und paläontologische Untersuchungen in den oberrhätischen Riffen (Feichtenstein- und Gruberriff bei Hintersee, Salzburg, Nördliche Kalkalpen). – Facies, **3**, Erlangen.
SENOWBARI-DARYAN, B. & SCHÄFER, P. (1979): Neue Kalkschwämme und ein Problematikum (Radiomura cautica n.g.n.sp.) aus Oberrhät-Riffen südlich von Salzburg (Nördliche Kalkalpen). – Mitt. Österr. Geol. Ges., **70**, Wien.
- – (1979): Distributional Patterns of Calcareous Algae within Upper Triassic Patch Reef Structures of the Northern Calcareous Alps (Salzburg). – Bull. Cent. Rech. Explor. – Prod. Elf-Aquitanine, 3/2, Pau.
- – (1980): Abatea culleiformis n.g.n.sp., eine neue Rotalge (Gymnocodiaceae) aus den „oberrhätischen" Riffkalken südlich von Salzburg (Nördliche Kalkalpen, Österreich). – Vh. Geol.B.-A., **1979**, H.3, Wien.

SICKENBERG, O. (1928): Das Ostende des Tennengebirges. Mitt. Geol. Ges., Wien, **19**, Wien 1926.
- (1932): Ein rhätisches Korallenriff aus der Osterhorngruppe. – Vh. Zool. Bot. Ges. Wien, **82**, Wien.

SIEBER, R. (1937): Neue Untersuchungen über die Stratigraphie und Ökologie der alpinen Triasfaunen. I. Die Fauna der nordalpinen Rhätriffkalke. – N. Jb. Min. etc. Beil. – Bd. **78**, Abt. B, Stuttgart.

SPENGLER, E. (1911): Die Schafberggruppe. – Mitt. Geol. Ges. Wien, **4**, Wien.
- (1924): Geologischer Führer durch die Salzburger Alpen und das Salzkammergut, mit einem Beitrag von J. PIA. – Verl. Borntraeger, Berlin.
- (1951): Die Nördlichen Kalkalpen, die Flyschzone und die helvetische Zone. – In F. X. SCHAFFER: Geologie von Österreich, 2. Aufl., Wien.

STEIGER, T. (1981): Kalkturbidite im Oberjura der Nördlichen Kalkalpen (Barmsteinkalk, Salzburg, Österreich). – Facies **4**, Erlangen.

SUESS, E. & v. MOJSISOVICS, E. (1868): Studien über die Gliederung der Trias- und Jurabildungen in den östlichen Alpen. Die Gebirgsgruppe des Osterhorns. – Jb. Geol.R.-A., **18**, Wien.

SUMMESBERGER, H. (1980): Neue Ammoniten aus der Sandkalkbank der Hochmoosschichten (Obersanton; Gosau, Österreich). – Österr. Paläont. Ges., ZAPFE-Fenstschr., Wien.

TICHY, G. (1979): Hagengebirge – geologische Übersicht. – In W. KLAPPACHER & H. KNAPCZYK (Hrsg.). – Salzburger Höhlenbuch, **3**, Salzburg.

TICHY, G. & SCHRAMM, J. M. (1969): Bericht 1978 über geologische und stratigraphische Arbeiten am Ost- und Südrand des Hagengebirges (Tirolikum) auf Blatt 94 Hallein und 125 Bischofshofen. – Vh. Geol.B.-A., **1969**, H.1, Wien.
- – (1979): Das Hundskarl-Profil, ein Idealprofil durch die Werfener Schichten am Südfuß des Hagengebirges, Salzburg. – Der Karinthin, **80**, Salzburg.

TOLLMANN, A. (1976a): Analyse des klassischen nordalpinen Mesozoikums; Stratigraphie, Fauna und Fazies der Nördlichen Kalkalpen. – Deuticke, Wien.
- (1976b): Der Bau der Nördlichen Kalkalpen (mit Tafelband). Deuticke, Wien.
- (1976c): Zur Frage der Parautochthonie der Lammereinheit in der Salzburger Hallstätter Zone. – Sitzber. Österr. Akad. Wiss., math.natw.Kl., Abt. I, **184**, Wien.
- (1981): Oberjurassische Gleittektonik als Hauptformungsprozeß der Hall-

stätter Region und neue Daten zur Gesamttektonik der Nördlichen Kalkalpen in den Ostalpen. – Mitt. Österr. Geol. Ges., **94/95**, 1981/82. Wien.
TOLLMANN, A. & KRISTAN-TOLLMANN, E. (1970): Geologische und mikropaläontologische Untersuchungen im Westabschnitt der Hallstätter Zone in den Ostalpen. – Geologica et Palaeontologica, **4**, Marburg.
TRAUTH, F. (1925): Geologie der nördlichen Radstädter Tauern und ihres Vorlandes. 1. Tl. – Denkschr. Akad. Wiss. Wien., math.natw.Kl., **100**, Wien.
TRIMMEL, H. (1962): In die Eisriesenwelt (Exkursion). – Naturkundl. Führer f. d. Umg. von Haus Rief. Verb. Österr. Volkshochschulen, Wien.
– (1967): Über einige Aufgaben und Probleme der Karst- und Höhlenforschung im Lande Salzburg. – Mitt. Österr. Geogr. Ges., **109**, H.1–3.
VORTISCH, W. (1926): Oberrhätischer Riffkalk und Lias in den nordöstlichen Alpen. Tl. 1. – Jb. Geol.B.-A., **76**, Wien.
– (1949): Die Geologie der Inneren Osterhorngruppe. – II. – N. Jb. Min. etc., **91** Abh. 1950, Abt. B, Stuttgart.
– (1970): Die Geologie des Glasenbachtales südlich von Salzburg. – Geologica et Palaeontologica, **4**, Marburg.
WEBER, E. (1942): Ein Beitrag zur Kenntnis der Roßfeldschichten und ihrer Fauna. – N. Jb. Geol. Pal., Beil. Bd. **86**, Abt. B, Stuttgart.
WEBER, L, PAUSWEG, F. & MEDWENITSCH, W. (1973): Zur Mitterberger Kupfervererzung (Mühlbach/Hochkönig, Salzburg). – Mitt. Geol. Ges. in Wien, **65**, 1972, Wien.
WEIGEL, O. (1937): Stratigraphie und Tektonik des Beckens von Gosau. – Jb. Geol.B.-A., **87**/1–2, Wien.
WEISS, W. (1977): Korrelation küstennaher und küstenferner Faziesbereiche in den Unteren Gosauschichten (Oberkreide, Österreich) nach Foraminiferen. – N. Jb. Geol. Pal. Mh., 1977, 5, Stuttgart.
WENDT, J. (1971): Die Typuslokalität der Adneter Schichten (Lias, Österreich). – Annales Inst. geol. Hungarici, **54**, 2, Budapest.
WILLE-JANOSCHEK, U. (1966): Stratigraphie und Tektonik der Schichten der Oberkreide und des Alttertiärs im Raume von Gosau und Abtenau. – Jb. Geol.B.-A., **109**, Wien.
WOLETZ, G. (1970): Zur Differenzierung der kalkalpinen Unterkreide mit Hilfe der Schwermineralanalyse. – Vh. Geol.B.-A., **1970**, Wien.
ZANKL, H. (1961/62): Die Geologie der Torrener Joch-Zone in den Berchtesgadener Alpen. – Z. dt. Geol. Ges., 1961, **113**, Hannover.
– (1969): Der Hohe Göll, Aufbau und Lebensbild eines Dachsteinkalk-Riffes in

der Obertrias der nördlichen Kalkalpen. – Abh. Senckenb. Naturf. Ges., **519**, Frankfurt/Main.
- (1971): Upper Triassic Carbonate Facies in the Northern Limestone Alps. – Sedimentology of parts of Europe. – Guidebook VIII. Sed. Congr. 1971, Heidelberg.

ZAPFE, H. (1937): Paläontologische Untersuchungen an Hippuritenvorkommen der nordalpinen Gosauschichten. – Vh. Zool.-Botan. Ges., **86/87**, Wien.
- (1957): Dachsteinkalk und „Dachsteinkalkmuscheln". – Natur und Volk, **87**, Frankfurt a. M.
- (1960 a): Untersuchungen im obertriadischen Riff des Gosaukammes (Dachsteingebiet, Oberösterreich), I.-Vh. Geol.B.-A., **1960**, Wien.
- (1960 b): Beobachtungen über das Verhältnis der Zlambach-Schichten zu den Riffkalken im Bereich des Großen Donnerkogels. Untersuchungen im obertriadischen Riff des Gosaukammes (Dachsteingebiet, O.Ö.); – Vh. Geol.B.-A., **1960**, Wien.
- (1962): Untersuchungen im obertriadischen Riff des Gosaukammes (Dachsteingebiet, O.Ö.). – Vh. Geol.B.-A., **1962**, H.2, Wien.
- (1963): Beiträge zur Paläontologie der nordalpinen Riffe. Zur Kenntnis der Fauna der oberrhätischen Riffkalke von Adnet, Salzburg (exkl. Riffbildner). – Ann. Naturhist. Mus. Wien, **66**, Wien.

ZELLER, K. (1980): Der Salzbergbau auf dem Dürrnberg bei Hallein. – In: Szenemagazin d. Salzb. Nachr. zur Salzburger Landesausstellg. „Die Kelten in Mitteleuropa". Keltenmuseum Hallein.

Topographische Karten

Österreichische Karte (ÖK) 1:50 000, Bundesamt für Eich- und Vermessungswesen, Wien: Blätter 63 Salzburg, 64 Straßwalchen, 65 Mondsee, 93 Berchtesgaden, 94 Hallein, 95 St. Wolfgang, 124 Saalfelden, 125 Bischofshofen.

Alpenvereinskarten 1:25 000: Hochkönig – Hagengebirge, Dachsteingruppe

Wanderkarten Freytag & Berndt 1:100 000:
  Blatt 9 Westliches Salzkammergut
  Blatt 10 Berchtesgadener Land – Salzburger Kalkalpen
  Blatt 28 Dachstein und Salzkammergut
  Blatt 39 Umgebung von Salzburg

Wanderkarten Freytag & Berndt 1:50 000:
  Blatt 102 Untersberg – Eisriesenwelt – Königsee
  Blatt 103 Pongau – Hochkönig – Saalfelden

Kompaß-Wanderkarten 1:50 000:
Blatt 14 Berchtesgadener Land – Chiemgau
Blatt 15 Tennengebirge – Hochkönig
Blatt 17 Salzburger Seengebiet
Blatt 18 Nördliches Salzkammergut
Blatt 20 Südliches Salzkammergut
Zinner – Wanderkarte 1:50 000, Blatt 3 Salzkammergut-Seen
Zinner – Wanderkarte 1:25 000 oder 1:30 000, Blatt 1 Salzburg Umgebung

Geologische Karten

Geologische Karte von Bayern 1:100 000, Blatt 667, Bad Reichenhall (Bearb. O. GANSS), Bayer. Geol.L.-A., München 1978.
Geologische Spezialkarte Hallein-Berchtesgaden 1:75 000 (E. FUGGER, nach Aufnahme A. BITTNER). – Geol. R.-A., Wien 1907; vergriffen.
Geologische Spezialkarte Gmunden-Schafberg 1:75 000 (O. ABEL & F. GEYER). – Geol. R.-A., Wien 1922; vergriffen.
Geologische Karte der Umgebung der Stadt Salzburg 1:50 000 (Zusammenstellung S. PREY nach Aufnahmen von W. DEL NEGRO, T. PIPPAN, B. PLÖCHINGER, S. PREY, M. SCHLAGER u. E. SEEFELDNER). – Geol.B.-A., Wien 1969.
Geologische Karte des Wolfgangseegebietes 1:25 000 (B. PLÖCHINGER mit Beiträgen von R. JANOSCHEK u. S. PREY), Geol.B.-A., Wien 1972.
Geologische Karte Bl. St. Wolfgang (95) 1:50 000 (Bearb. B. PLÖCHINGER nach Aufnahmen von W. FRIEDEL, H. GRUBINGER, D. VAN HUSEN, H. KOLLMANN, B. PLÖCHINGER, G. SCHÄFFER, W. SCHLAGER, U. WILLE-JANOSCHEK). – Geol.B.-A., Wien 1982.
Geologische Karte Bl. Hallein (94) 1:50 000; – Geol.B.-A., Wien (in Vorbereitung).
Geologische Karte des Gebirges um den Königsee in Bayern 1:25 000 (G. HABER, N. HOFFMANN, J. KÜHNEL, C. LEBLING u. E. WIRTH). – Abh. Geol. Landesunters. Oberbergamt, 20, München 1935.
Geologische Karte der Dachsteingruppe 1:25 000 (O. GANSS, F. KÜMEL, G. NEUMANN; Leitung E. SPENGLER). – Univ. Verl. Wagner, Innsbruck 1954.
Geologische Karte von Adnet und Umgebung 1:10 000 (M. SCHLAGER). – Geol.B.-A., Wien 1960.

Anhang

Erläuterung einiger Fachausdrücke

allodapisches Sediment = in der Hochseeregion gebildetes Sediment, das vorwiegend aus dem Detritus von Organismen entfernter Flachmeergebiete besteht.

Antiklinale = (geologischer) Sattel.

autochthon = Gestein, das sich am Ort seiner Bildung befindet.

biogen = aus Organismenresten aufgebaut.

bioklastisch = aus zerbrochenen Organismenresten bestehend.

Biostrom = flaches Riff.

bioturbat = durch wühlende Organismen entstandenes Gefüge.

Diskordanz (bei Sedimenten) = das winkelige Abstoßen von Schichten (Winkeldiskordanz).

Evaporit = Ausscheidung bei der Eindampfung einer Lösung (z. B. Salzlagerstätte).

Exotika = in Bezug auf die umgebenden Gesteine fremdartige Gesteine.

Fazies = Habitus des Sedimentes in Bezug auf seine lithologischen und paläontologischen Eigenarten.

Fenster (tektonisches Fenster) = fensterförmiges Sichtbarwerden der tektonischen Unterlage.

Fluxoturbidit = Geröllreicher Turbidit, bei dem sich im Transport die Gerölle gegenseitig berühren.

Frühdiagenese (Syndiagenese) = Gesteinswerdung während oder unmittelbar nach Ablagerung des Sedimentes.

Gebirgsbildung oder Orogenese = tektonisches Geschehen, das zur Umgestaltung der Erdkruste führt.

Geodynamik = Wissenschaft, zu der die Ermittlung des Mechanismus und der Ursachen des tektonischen Geschehens gehört.

Gipshut (über Anhydrit) = durch Wasseraufnahme aus dem Anhydrit hervorgegangene Gipsbedeckung.

Gosauablagerungen = eine nach der Ortschaft Gosau genannte Schichtgruppe der Oberkreide bis Alttertiär.

Gradierung (graded bedding) = Abnahme der Korngröße in einer Schicht von unten nach oben.

Intraklast = klastischer Einsprengling.

Kalkmangelsedimentation = geringer Kalkabsatz bei einem sich wenig, nicht ständig absenkenden Meeresboden. Dadurch Kondensation und Fossilanhäufung.

Karbonatplattform = eine nahe unter der Meeresoberfläche liegende Plattform, auf welcher sich bei langsamer, ständiger Absenkung Karbonate absetzen.

klastisch (fein- bis grobklastisch) = ein durch mechanische Zerstörung des Gesteines entstandenes feines bis grobes Trümmergestein.

Klippe = freischwimmende, wurzellose Scholle.

Nannoflora = besonders kleine, pflanzliche Meeresorganismen.

Olistholith = eine durch gravitative, untermeerische Gleitung beckenwärts transportierte Gesteinsmasse.

Olisthostrom = ein aus einem Schlammfluß hervorgegangenes, chaotisch-konglomeratisches Beckensediment.

Onkoid = rundlicher Körper mit einem organischen oder anorganischen Kern.

Oolith = aus Ooiden (Kügelchen) zusammengesetztes Gestein.

ozeanische Kruste = unter dem Meeresboden gelegener Erdmantel.

parautochthon = ein Gestein, das bei geringer Schubweite noch mit dem Ort seiner Bildung in Verbindung ist.

pelagisch = in der Hochseeregion entstanden.

Plankton = im Wasser treibende und schwebende Organismen.

postdiagenetisch = nach der Gesteinswerdung.

Querfaltung = eine quer zum regionalen Faltenstreichen liegende Faltung.

Querschub = Schub (Bewegung) quer zur regionalen Bewegungsrichtung.

Salinar = vorwiegend aus salzführenden Gesteinen bestehende Gesteinsserie.

Salzdiapir (Salzstock) = aufdringendes, eng gefaltetes Salzgestein.

Schwerminerale = Minerale mit hohem spezifischen Gewicht (Rutil, Zirkon, Granat, Turmalin etc.).

sessile Organismen = festsitzende Organismen.

Spätdiagenese (Epidiagenese) = Gesteinswerdung nach der Ablagerung des Sedimentes.

Sohlmarken = von Sand ausgegossene Lebensspuren oder Erosionsformen an der Unterseite von Sandsteinbänken.
sparitisch = umkristallisierte, spätige Grundmasse.
Stirnmoräne (Endmoräne) = entsprechend der Gletscherzunge bogenförmig vom Gletscher abgelagerter Gesteinsschutt.
Stockwerkgleitung = die Gleitung eines stratigraphisch höheren Gesteinskomplexes über einen stratigraphisch tieferen Gesteinskomplex.
stratigraphisch hangend (liegend) = jüngeres (älteres) Gestein als die Bezugsschicht.
Subduktion = das Abtauchen von Erdkrustenmaterial in die Tiefe.
syndiagenetisch = gleichzeitig mit der Umbildung des Sedimentes in Gestein.
Synklinale = (geologische) Mulde.
synsedimentär = gleichzeitig mit der Sedimentation.
terrigen = auf dem Land entstanden.
Tethys = breite Meereszone, die im Meso- und Känozoikum über den asiatisch-europäischen Raum reichte.
Tiefschwelle = Schwelle im tiefen Meer.
transgressive Lagerung = durch das Vorrücken eines Meeres verursacht, überlagert ein Sediment diskordant seine Unterlage.
Turbidit = ein durch Trübestrom (turbidity current) entstandenes Gestein; ein weit ins Meer transportiertes klastisches Material wurde dabei charakteristisch abgelagert.
Ultrahelvetikum = südlichste Zone des helvetischen Ablagerungsraumes.
variszisch = in der variszischen Faltungsphase entstanden.
Zungenbecken = das durch die Endmoräne begrenzte Becken, in dem die Gletscherzunge lag.
Zyklothem = Kleinzyklus bei Sedimenten.

Tafeln

Tafel 1: Trias-Fossilien:

Fig. 1 = *Dicerocardium* sp. aus dem Dachsteinkalk der Rettenkogel-Nordseite. Die Muschel wurde, wie ein Bügeleisen liegend, auf einer Schichtfläche gefunden.

Fig. 2 = *Conchodon infraliassicus* SCHAFHÄUTL (= Muschel) aus dem Dachsteinkalk des Adneter Kirchenbruches.

Fig. 3 = *Heterolepidotus dorsalis* (AGASSIZ) [= kleine Form] und *Paralepidotus ornatus* (Colopodus) AGASSIZ (= Fische mit Schmelzschuppen) aus der mergeligen „Fischschiefer"-Einschaltung im Hauptdolomit des Wiestales.

Fig. 4 = *Sinucosta emmrichi* (SUESS) (= Brachiopode = Armfüßler) aus den Kössener Schichten des Steingrabens SW Zinkenbach.

Fig. 5 = *Alectryonia montis caprilis* (KLIPSTEIN) aus den dunklen karnischen Ablagerungen der Eisenauer Alm an der Nordseite der Schafbergmasse.

Fig. 6 = *Thecosmilia* sp. (= koloniebildende Riffkoralle) aus dem Dachsteinkalk des Rettenkogels.

Fig. 7 = *Palaeocardita austriaca* HAUER) (= Muschel) als Abdruck auf dem Plattenkalk des Teufelshauses, an der Nordseite des Schafberges.

Tafel 2: Jura-Fossilien:

Fig. 1 = *Usseliceras (Subplanitoides) schwertschlageri* ZEISS (= Ammonit) aus den Oberalmer Schichten der Bleckwand-Westseite.

Fig. 2 = *Schlotheimia angulata* (SCHLOTHEIM) (= Ammonit) aus dem ocker gefärbten Enzesfelder Kalk des Saubachgrabens, Westseite des Zwölferhornes.

Fig. 3 = *Hibolites* cf. *hastatus* (BLAINVILLE) (= Belemnit) aus den Oberalmer Schichten des Steinbruches Puch bei Adnet.

Fig. 4 = *Psiloceras (Curviceras) frigga* WÄHNER und *Alsadites* sp. aus dem Adneter Kalk des Saubachgrabens, Westseite des Zwölferhornes.

Fig. 5 = *Abdruck eines Usseliceras* sp. (= Ammonit) in den Oberalmer Schichten des Pitschenberges.

Fig. 6 = *Punctaptychus cinctus* TRAUTH (= Kieferelement eines Ammoniten) aus den Oberalmer Schichten des Steinbruches bei Oberalm.

Fig. 7 = *Cirpa briseis* (GEMMELLARO) (= Brachiopode) aus dem Liaspongienkalk östlich des Schwarzensees.

Fig. 8 = *Teil eines Hildoceras bifrons* (BRUGUIÈRE) (= Ammonit) aus den Fleckenmergeln der Meislalm, NE des Schwarzensees.

Tafel 3: Kreide-Fossilien:

Fig. 1 = *Radiolites* sp. (= dütenförmige, dickschalige Muschel) aus dem Rudistenriff südöstlich Gehöft Pöllach, St. Gilgen.

Fig. 2 = *Hippurites* cf. *oppeli* ZITTEL (= hornförmige, dickschalige Muschel) aus den Gosauablagerungen an der Mondseer Straße, St. Gilgen.

Fig. 3 = *Cyclolithes (Cunnolites) haueri* MICHELIN (= Einzelkoralle) aus den Gosauablagerungen der Schmalnauer Alm bei Weißenbach.

Fig. 4 = *Barroisiceras haberfellneri* v. HAUER (mit erhaltener Wohnkammer und mit zur Bestimmung ausgezeichneten Lobenlinien) aus den Gosauablagerungen des Strobler Weißenbachtales.

Fig. 5 = *Ampullaria lyrata* (SOWERBY) (= Schnecke) aus den Gosauablagerungen der Schmalnauer Alm bei Weißenbach.

Fig. 6 = *Barroisiceras haberfellneri* v. HAUER (= Ammonit) aus den Gosauablagerungen des Strobler Weißenbachtales.

Fig. 7 = *Cardium productum* SOWERBY (= Muscheln) aus den Gosauablagerungen des Strobler Weißenbachtales.

Fig. 8 = *Cardium ottoi* GEINITZ und *Cucullaea austriaca* ZITTEL (= Muscheln) aus den Gosauablagerungen des Strobler Weißenbachtales.

Tafel 1 → Tafel 2 →→ Tafel 3 →→→

Tafeln

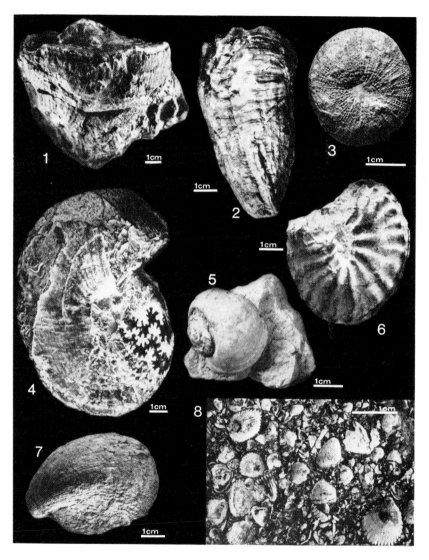

Sachregister

Aalen(ien) 16
Adneter Kalk (Adneter „Marmor") 16, 17, 27, 56–60, 90, 97, 99, 100, 102, 103, 106, 132
Alb 10, 16, 32, 114
Allgäuschichten 16, 17, 25, 28, 56, 57, 105–107, 133
Altaustriche Phase 10
Altkimmerische Phase 11, 25
Alttertiär 6, 10, 12, 16, 17, 30, 32
Anis 16, 19, 20, 50, 73, 74
Anzenbachschichten 32
Apt 10, 16, 32, 37, 62, 114
Aptychenschichten 31
Austrische (Vorcenomane) Phase 10, 12
Austroalpine (Voraustrische) Phase 10, 11, 30, 37

Bajoc(ien) 16
Bajuvarikum (Tief- und Hochbajuvarikum) 7, 8, 12, 13, 15–17, 32, 35, 89–91, 97
Barmsteinkalk 29, 30, 36–38, 41, 50, 63, 103
Barrême 10, 16
Basiskonglomerat der Oberalmer Schichten 73
Bathon(ien) 16, 99
Beinsteinkalk 16, 26
Berchtesgadener (Reiteralm) Decke 7–9, 11, 12, 17, 35, 36, 38
Berchtesgadener Fazies 36, 38
Bergsturzblockwerk 4
Berrias 10, 16, 30, 36, 46, 47
Bibereckschichten 33, 34, 80, 81

Buntdolomit (siehe Hallstätter Buntdolomit)
bunte Kiesel- und Radiolaritschichten (siehe Ruhpoldinger Schichten)
bunte, vorwiegend rote Liaskalke 16, 17, 25, 27, 28, 56, 107, 115, 116
Buntmergelserie (Buntmergel der Klippenhülle) 13, 16, 108–111

Callov(ien) 16
Campan 10, 16, 33, 35, 82
Carditaschichten 17, 40
Cenoman 10, 16, 32, 111
Cenomankonglomerat 16, 32, 91, 98
Cenomanmergel 16, 32
Cephalopodenkalk (siehe bunte Liaskalke, Klauskalk)
Cidariskalk 17
Coniac 10, 16, 30, 33, 35, 83, 112
Crinoiden-Brachiopodenkalk 16, 17, 26, 27, 90, 113–116
Crinoiden-Plattenkalk 16, 26, 75–78

Dachsteindecke (-masse) 9, 11, 12, 17, 22, 67, 68, 90
Dachsteindolomit 22, 89
Dachsteinkalk (gebankt) 16, 17, 22, 23, 37, 40, 55, 69, 71, 132
Dachsteinkalkfazies 8, 15–18, 36, 67, 68
Dachsteinriffkalk 16–18, 21, 22, 37, 55, 68, 69, 80, 81, 89, 96, 97, 107

Sachregister

Deltaschotter 2
Devon 87
Diabas 13, 15, 108–111
Diskordanz 10, 11, 30
Dogger (Mitteljura) 11, 16, 28, 57, 76, 78, 98, 99
Domerien 56
Draxlehner Kalk 17, 23, 50
Drumlin 4

Eisenspat 19
Eisrandterrasse 4
Eiszeiten 2–4, 40
Enzesfelder Kalk 27, 99, 100, 106, 132
Eozän 10, 16, 17, 30, 34, 35, 113
Eruptivgesteine 13, 15, 16, 108–111

Fellersbacher Schichten 16, 88, 89
Filamentkalk 28
Filblingstörung 91
Fischschiefer 132
Fleckenmergel (-kalk) siehe Allgäuschichten
Flyschzone 1, 5–8, 13, 14, 16, 90, 91, 104, 105, 108, 109, 113
Fossiltafeln 132–136

Gabbro 13, 110, 111
Gamsfeldmasse 12, 17, 93, 94, 114
Gaultflysch 14, 16, 32, 98, 105, 111–113
Gebirgsbildungsphasen 10, 11, 34
gefleckte Unterkreidemergel der Klippenserie 16, 108, 110
Gipsabbau (-grube) 61, 64
Gips/Anhydrit 16, 17, 64

Glanegger Schichten 35
Glaukonitquarzit und -sandstein 14, 16, 105
Gleitdecken 6
Gosauablagerungen 6, 7, 12, 16, 17, 30, 32, 33–35, 82, 83, 91, 111, 112, 133
Gosaubecken von Salzburg 9, 34, 35
Gosaugrundkonglomerat (Basiskonglomerat) 34, 56, 57, 113
Grabenbachschichten 33, 34, 83
Grabenwaldschichten 16, 32, 37, 65
Grauwackenzone 1, 4, 5, 7, 14, 77, 78, 86, 87
Grundmoräne 4
grüne Serie 14
Grüngesteine 87
Gutensteiner (Kalk) Basisschichten 16, 17, 79
Gutensteiner Schichten (Gutensteiner Kalk u. Dolomit) 16, 17, 19, 54, 71, 73, 77, 80–82, 88, 89

Halleiner Salinargebiet 52, 53
Hallstätter Buntdolomit 17, 20, 80, 81
Hallstätter Decke (s. Hallstätter Zonen, Massen etc.)
Hallstätter Fazies (Serie) 7, 8, 15, 17, 18, 25, 36, 37, 43, 51, 55, 63, 67–69, 73
Hallstätter Kalk 11, 17, 18, 23, 24, 51, 53, 55, 63, 65, 68, 69, 73, 74, 80, 81
Hallstätter Kanal 67–69

Sachregister

Hallstätter Zonen, Massen und Schollen 7–9, 11, 12, 15, 17, 18, 30, 35–38, 40, 41, 42, 50, 53, 64–67
Hallstätter Zone Hallein-Berchtesgaden 7, 12, 15, 17, 18, 20, 24, 35–37, 41, 48, 50, 53, 66
Halobienschiefer 17
Haselgebirge (Gipshaselgebirge) 14–17, 36, 40, 45, 62–64, 105
Hauptdolomit 16–18, 21, 40, 97, 104, 116, 132
Hauptdolomitfazies 15, 16, 18, 68
Hauterive 10, 16, 31, 32, 37, 48, 62, 63
Helvetikum 1, 5, 7, 8, 90
Hettang(ien) 16, 56, 57, 59, 99
Hierlatzkalk (s. Crinoiden-Brachiopodenkalk)
Hinterseegletscher 3
Hinterseetalung 3
Hochbajuvarikum 7, 16, 90
Hochfilzener Schichten 14, 87
Hochjuvavikum (s. auch Berchtesgadener und Dachsteindecke) 8, 9, 12, 15, 17, 35, 67, 90
Hochmoosschichten 33, 34, 80–83
Hochreithschichten 31, 62–64
Hornsteinknollenkalk 17, 25, 26, 56, 57, 71, 97, 99, 100

Inoceramenmergel 35
Inselberge (Salzburger Becken) 40
Interglaziale Nagelfluh (z. B. Mönchsberg/Salzburg, Torren bei Golling) (s. Deltaschotter)
Intragosauische Phase 34

Jungaustrische Phase 10
Jungkimmerische Phasen 11, 25, 73
Jungtertiär 2, 10, 40
Jura 6, 16, 17, 24, 90, 94–96
Jura-Fossilien 132, 133, 135
Juvavikum 8

Kalkalpen (Nördliche) 1, 4, 6, 7, 16, 17, 68, 77, 78, 87
Karbon 89
Karn 16, 21, 23, 73, 74, 89
Karpatische Fazies 61
Kendlbachschichten 16, 26, 105, 106
kieseliger Dolomit 17, 18
Kimmeridge 16, 30, 36
Klauskalk 16, 17, 28, 99, 100
Klippen-Buntmergelserie (s. Ultrahelvetikum)
Klippen-Flyschfenster 9
Kössener Fazies 61
Kössener Schichten 16, 18, 22, 23, 26, 60, 61, 99–104, 106, 132
Kreide 6, 16, 17, 30
Kreide-Fossilien 133, 136
Kreuzgrabenschichten 33, 83
Kupferbergbau 85, 89

Ladin 16, 20, 63, 74, 116
Lammermasse (tiefjuvavische Lammerzone) 7, 15, 17, 21, 37, 67
Lercheckkalk (s. Schreieralmkalk)
Lias (Unterjura) 11, 16, 25, 42, 44, 56, 87, 60, 75, 78, 98–100, 105, 107, 116

Sachregister

Liashornsteinkalk (s. Hornsteinknollenkalk)
Liasspongienkalk   16, 25, 26, 90
Loferit   22, 70

Maastricht   10, 16, 33, 34, 82
Malm (Oberjura)   11, 16, 17, 28, 29, 36, 75, 93, 95, 98, 104, 116
Malmbasisschichten   16, 28, 97, 99, 100
Manganschiefer   42–44, 74, 75, 78
Mediterrane (Vorgosauische) Phase   10, 12, 30
Mindel/Riß Zwischeneiszeit   3
Miozän   10
Mittelostalpin   6
Mitteltrias   11, 16, 17, 19, 78, 87
Mitterberger Schichten (grüne Serie)   16, 89
Molassezone   8
Moränenmaterial   4

Neokomflysch   14, 16, 43, 105
Neokommergel und -kalke   16, 32, 43, 44, 50
Nierenthaler Schichten   16, 17, 33, 35, 80–82, 112
Nor   16, 21–24, 50, 63, 73, 74, 116

Oberalmer Schichten (Kalke)   12, 16, 29–31, 36, 37, 46, 47, 58, 63, 65, 66, 90, 105, 132, 133
Oberjura (siehe Malm)
Oberkreide   16, 30, 32, 93
Oberostalpin   6, 90
Oberperm   14, 16, 17, 45, 47, 63, 89
Obertrias   11, 16, 17, 21, 25, 63, 87, 93–95

Oligozän   10
Olistholith   6, 10, 11, 25, 38, 107
Olisthostrom   6, 10, 11, 25, 29, 30–32, 37, 71
Ölschiefer   42–44
Opponitzer Dolomit   17
Ordovic/Silur   87
Osformen   4
Ostalpin   5, 6, 8, 90
Osterhorn-Tirolikum (Osterhorn-Schuppe)   9, 12, 16, 32, 41, 67, 90–93, 104, 105
Oxford   16

Paleozän   10, 16, 33, 82
Pedataschichten (-kalk)   17, 18, 24, 67, 68, 76, 78, 80, 81
Penninikum   5, 6, 8, 9, 16, 90
Permoskyth   44, 87
Plassenkalk   16, 17, 28, 29, 40, 41, 90
Pleistozän   48, 49
Plattenkalk   16, 18, 22, 101, 116, 132
Pliensbach(ien)   16, 56, 57, 60, 106
Porphyroid   87
Pötschenkalk   17, 18, 24, 63, 67, 80, 81
Portlandzement(werk)   31, 46, 47

Quartär   1–3, 93, 108

Radiolarit   16, 56, 57, 99
Raibler Schichten   16, 17, 21, 40, 80, 81, 89, 97, 116
Ramsaudolomit   17, 40, 78, 88, 89
Randcenoman   6, 13, 16, 32, 89
Reichenhaller Schichten   16, 17, 19

Reichraminger Decke 9, 90
Reiflinger Schichten (Kalk, Dolomit) 18, 20, 80, 81
Reiselsberger Sandstein 14, 16, 105
Ressenschichten 33, 80, 81
Rhät 16, 22–24, 44, 59, 99, 116
Rhätriffkalk 22, 58, 96, 97, 100–103
Riedelkar-Deckscholle 68
Riß-Würm Zwischeneiszeit 3
Roßfeldschichten (Untere, Obere) 12, 16, 31, 32, 37, 38, 48, 55, 62–64
rote sandige Mergel mit Knollenbrekzienlinsen (Saubachschichten) 28, 107
roter Tithonkalk der Klippenserie 13, 16, 108–110
Rudistenkalk (Rudistentrümmerkalk, Rudistenbiostrom) 16, 34, 35, 80–83, 112, 133
Ruhpoldinger Schichten 11, 16, 28, 29, 56, 72, 90–103, 115, 116

Salzachgletscher 2, 3, 40
Salzbergbau 51–53
Salzburger Fazies 61
Salzdiapirismus 6, 23, 36
St. Gilgender Teilfenster des Wolfgangseefensters 13, 31, 89, 90
Santon 10, 16, 33, 35, 83, 112
Saubachschichten (s. rote, sandige Mergel etc.)
Schafberg-Tirolikum 12, 16, 26, 90–93, 97, 116, 132
Scheck 60
Scheibelbergkalk (s. Hornsteinknollenkalk)

Schlammstromsediment 25
Schrambachschichten 16, 31, 32, 43, 47
Schreieralm (Lercheck) Kalk 17, 18, 20, 55, 73
Schwarzenseer Marmor 27
Serpentin(it) 13, 15, 64, 78
Silur 87, 89
Sinemur(ien) 16, 56, 57, 60, 106
Skyth 16, 18, 19, 63
Sparber-Schuppe 112
Spongienkalk (s. Liasspongienkalk)
Staufen-Höllengebirgsdecke (s. Tirolikum)
Steinalmkalk und -dolomit 19, 20, 80, 81, 89
Stockwerkgleitung 92
Streiteckschichten 33, 34, 83
Strobler Teilfenster des Wolfgangseefensters 12, 90, 108, 109
Strubbergschichten 17, 67, 68, 71, 74–78
Subduktion 6
Subherzynische (Intragosauische) Phasen 10, 34
Süßwasserkalk 34

Tannheimer Schichten 32
Tauernfenster 8
Tauglbodenschichten 16, 29, 73, 106, 107
Tertiär 1ff
Tethys 4
Tiefbajuvarikum 7, 13, 16
Tiefjuvavikum (s. Hallstätter Zonen, Massen etc.)
Tirolikum 7–9, 12, 15–17, 35, 40, 67, 90, 91

Tirolischer Bogen 8
Tithon 16, 30, 36, 43, 44, 46, 47, 50, 63, 108
Toarc(ien) 16, 56, 99
Tonflatschenbrekzie 30
Toniger Oberalmer Kalk 16, 28, 29, 30, 58, 97, 103
Torrener Brekzie (s. interglaziale Nagelfluh)
Torschartenbuch 69, 86, 87
Toteisloch 4
Trattbergschwelle 11
Traungletscher 3, 113, 114
triadische Plattform 38
Trias 15–17, 94
Triasfossilien 132, 134
Tropitesschichten 23
Turbidit (Trübestrom) 25, 29–31, 36
Turon 10, 16, 111

Ultrahelvetikum 7–9, 12, 13, 16, 89–91, 93, 108, 109, 112, 113
Ultrahelvetikums-Flyschfenster (Wolfgangseefenster) 1, 7–9, 12, 13, 14, 16, 32, 89, 90, 91, 93, 98, 104, 105, 108–111, 113
Unterkreide 16, 17, 31, 61–63, 94, 108, 111
Unterkreidekalke und -mergel 16, 32
Unterostalpin 6

Untersberger Marmor 35, 40, 41, 42
Untertrias 11, 16–18

Valendis 10, 16, 31, 32, 48
violette Serie 14

Wechselfarbiger Oberalmer Kalk 16, 29, 90, 97, 104, 113
Werfener Schichten 16–18, 63, 78, 84, 87–89
Werfener Schuppenzone (Werfen-St. Martiner Schppenland) 7, 17, 18, 67–69
Wettersteinkalk und -dolomit 16, 17, 20, 21, 63, 97, 116
Wildschönauer Schiefer 87
Wolfgangseefenster (s. Ultrahelvetikums-Flyschfenster)
Wolfgangseestörung 2, 12, 90, 91, 93, 104, 105
Würmeiszeit 2
Wurstelkalk 19

Zementmergel 46, 47
Zillkalk 17, 20
Zlambachfazies 17, 18
Zlambachschichten (-mergel) 17, 18, 24, 42, 44, 45, 67, 68, 73, 74, 80–82
Zwieselalm (= Liesen-) Schichten 17, 33, 34, 80–82
Zwischeneiszeiten 3

Ortsregister

Abersee (s. Wolfgangsee)
Abtenau 24, 35
Achselkopf 84, 85
Ackersbachgraben 71, 72
Adnet 39, 58, 59, 132
Adneter Riedl 58
Ahornbüchsenkopf 55
Altbühlalm 72
Arlstein 19, 74, 75
Arthurhaus 85, 89
Aubach 71, 72

Barmsteine (Typuslokalität) 39, 49, 41, 51
Beinsteinkogel (Typuslokalität) 26, 91
Berghof Bachrain 66
Bischofsmütze 94
Bleckwand 93, 94, 109, 112, 132
Blühnbachtal 18, 68, 83, 84
Bluntautal 54
Breitenberg(alm) 27, 91, 94
Brustwand 29, 109
Buchbergriedl 19, 20
Bürgl 29, 93

Dachstein (Typuslokalität) 2, 3, 15, 17, 23, 39, 40, 67, 69, 94
Digrub 19
Donnerkogel 24, 80, 81
Dürrnberg 37, 50, 51–53

Eggel Riedl 52
Eisenauer Alm 132
Eisriesenwelt 84, 85

Fagerwand 37
Fahrenberg 34
Falkenstein 29
Feichtenstein 22, 96, 97, 100, 101, 102
Festungsberg (Salzburg) 40
Firstsattel 75–78
Fuschlsee 7
Fürstenbrunn 41

Gablonzer Hütte 79, 80–82
Gaisberg 39
Gaißau 60, 61
Gamsfeld(masse) 2, 12, 15, 17, 21, 34, 39, 90, 92–94
Geiereck 40
Genneralm 101, 104
Glasenbachklamm 56, 57
Göll(masse) 7, 15, 17, 37, 38
Golling 3, 12, 18, 24, 36, 39, 54
Gollinger Schwarzenberg 37, 66, 67
Gosaubecken (Typuslokalität) 3, 9, 33, 34, 67, 68, 79–83
Gosaukamm 22
Gosauseen 24
Grabenmühle (Moldanwerk) 61
Grubach 37, 61, 62, 64, 65
Gruberalm (Gruberhorn) 95, 101, 103
Grünbachgraben 24, 42–45
Gutrathsberg 9, 46, 47

Hagengebirge 2, 7, 9, 15, 17, 38, 67
Hahnrain 37, 52, 53

Hallein 48, 49
Hinterkellau 62, 63, 65, 66
Hintersee 3, 96
Hochkeil 86, 87
Hochkönig 2, 7, 9, 15, 17, 39, 40, 67, 69, 85–89, 95
Hochreithberg(-alm) (Typuslokalität) 61–64
Hochwieskopf 72
Hoher Göll 9, 15, 39, 40, 54, 55
Hoher Staufen 7, 40
Hoher Zinken 101
Hohes Brett 55
Hohe Thann 65

Illingerberg Alm 95
Ischltal 12, 34

Kapuzinerberg (Salzburg) 40
Karlgraben 101, 107
Kellau 62
Kellauwand 62, 63, 66
Kendlbachgraben (Typuslokalität) 104, 106
Kerterergraben 61, 65
Kirchenbruch Adnet 58, 59
Königsbachalm 101

Lammerschlucht bei Annaberg 78, 79
Lammertal(gebiet) 3, 15, 17, 18, 24, 67, 68, 70, 71
Lienbach 63, 64
Loferer Steinberge 39, 40
Lugberg 29

Mandlwände 86–88
Mehlstein 63

Meislalm 133
Mönchsberg/Salzburg (s. interglaziale Nagelfluh)
Mondseetalung 3, 11, 113
Moosegg 61–64
Mörtlbachtal 60
Mühlpointwaldparzelle 108–111

Nestler Scharte 112
Neualpe 35
Nockstein 40

Oberalm (Typuslokalität) 133
Osterhorn 101
Osterhorngruppe 7, 11, 15, 22, 25, 26, 28–30, 41, 71–73, 90–92, 94, 95, 98–101

Pailwand 73, 74
Paß Lueg 69, 70
Pillstein 91, 92, 95–97
Pitschenberg 132
Plattenbruch Adnet 59, 66
Plomberg 29, 34, 35
Puch 132
Purtscheller Haus 55

Quechenberg(alm) 19, 75, 76

Rabenstein 65
Radochsberg 34
Randobachgraben 82, 83
Rappoltstein 23
Rauhes Sommereck 70, 71
Reingraben 52
Retschegg 34
Rettenkogel 93, 132
Riedelkar 19, 20, 69

Rigaus 34
Rinnkogel 93
Roadberg (Vorderer Strubberg) 74, 75
Roßfeld(mulde), (Typuslokalität) 9, 12, 31, 35, 37

Salzachöfen 69, 70
Salzach(tal) 2, 40, 49
Salzburg (Stadt), Salzburger Bekken 3, 7, 9, 34, 35, 39, 40
Salzburger Hochthron 39, 49
St. Gilgen 3, 9, 12, 89, 91, 92, 98, 133
St. Leonhard (Gartenau-St. Leonhard) 7, 36–38, 46, 47
St. Wolfgang 91
St. Wolfganger Schafberg 3, 9, 15, 21, 25, 26, 39, 89–91, 113, 114, 132
Sattelberg 70
Saubachgraben am Zwölferhorn (Typuslokalität) 98–100, 132
Schafberggruppe (s. St. Wolfganger Schafberg)
Schallwand – Gr. Traunstein 76–78
Schartenalm(straße) 108, 109
Schatzwand 32
Schmittenstein 96
Schönalm 70, 71
Schorn(mulde) 34
Schröckwald 63, 65
Schwarzenberg(masse) 7, 17
Schwarzensee(talung) 3, 26, 27
Sparber 26, 29, 109, 112
Spinnerin 113, 115, 116

Stahlhaus 54
Staudinger Köpfl 63, 65, 66
Steingraben 132
Steinernes Meer 39, 40, 87, 95
Strobl/Wolfgangsee 93
Strobler Weißenbachtal 34, 90, 109, 111–113, 133

Tagweide 76, 77
Tennengebirge 2, 3, 7, 15, 17, 19, 20, 22, 39, 40, 67–71, 84, 95
Theresienstein 34
Tiefbrunnau 3
Törlklamm 115
Torrener Joch(zone) 37, 67, 68

Unkener Mulde 38
Untersberg 2, 7, 9, 12, 15, 17, 38–43, 48, 49

Vorderer Gosausee 79–82

Wallbrunnkopf 50, 52
Weitenau(mulde) 12, 31, 32, 35, 37
Werfen (Typuslokalität) 7, 19, 83
Wetzsteingraben 73, 101, 107
Wiestal 132
Wiesler Horn 94
Wolfgangsee(talung) 3, 4, 7, 9, 34, 90, 91

Zinken 48, 52
Zinkenbach 92, 93, 104, 105
Zwieselalm(gebiet) (Typuslokalität) 15, 17, 18, 19, 24, 67, 68, 79–81
Zwölferhorn 91, 92, 93–95, 132

SAMMLUNG GEOLOGISCHER FÜHRER

Format d. Bände 37–47: 11,2 × 16 cm, Leinen, ab Bd. 48: 13,5 × 19,5 cm, flexibler Kunststoff

Schiefergebirge und   **Bd. 37**
Hessische Senke
um Marburg/Lahn
v. Prof. Dr. C.W. Kockel, Marburg.
28 Abb., 2 Tafeln. 256 S. 1958. DM 14,–

Rheinhessen und die   **Bd. 38**
Umgebung von Mainz
v. Prof. Dr. H. Falke, Mainz. 3 Tab., 13 Karten, (1 farb. geol. Karte), 164 S. 1960. DM 28,–

Sauerland   **Bd. 39**
v. Prof. Dr. H. Schmidt u. Prof. Dr. W. Plessmann. 8 Abb., 24 Taf., 1 Karte. 167 S. 1961. Nachdruck 1977. DM 26,–

Der Schwäbische Jura   **Bd. 40**
v. Prof. Dr. O.F. Geyer u. Prof. Dr. M.P. Gwinner, Stuttgart, vergriffen, Neuauflage Bd. 67

Frankenwald, Fichtel-   **Bd. 41**
gebirge und Nördlicher
Oberpfälzer Wald
v. Prof. Dr. A. Wurm, Würzburg. 5 Abb., 11 Taf. 196 S. 2. Aufl. 1962. DM 26,–

Das Steirische   **Bd. 42**
Randgebirge
v. Prof. Dr. A. Flügel, Graz. 15 Abb., 4 Fotos, 1 farb. geol. Karte. 176 S. 1963. DM 24,–

Mainfranken und Rhön   **Bd. 43**
v. Prof. Dr. E. Rutte, Würzburg, vergriffen, Neuauflage Bd. 74.

Spessart   **Bd. 44**
v. Prof. Dr. S. Matthes u. Prof. Dr. M. Okrusch, Würzburg. 17 Abb. 1 farb. geol. Karte, 232 S. 1965. DM 28,–

Allgäuer Alpen   **Bd. 45**
v. Prof. Dr. M. Richter, Berlin, vergriffen, Neuauflage in Vorbereitung

Kleines Fachwörterbuch   **Bd. 46**
v. Prof. Dr. U. Rosenfeld, Münster. 47 Abb., 4 Tab., 204 S. 1966. DM 18,–

Das Steirische   **Bd. 47**
Tertiär-Becken
v. Prof. Dr. H. Flügel u. Prof. Dr. H. Heritsch, Graz. 27 Abb. 8 Taf. 1 farb. geol. Karte. 208 S. 2. Aufl. 1968. DM 29,50

Aachen und Umgebung   **Bd. 48**
Nordeifel und Nordardennen mit Vorland
v. Prof. Dr. D. Richter, Aachen. 42 Abb. 8 Beil. 1 geol. Karte. 222 S. 2. Aufl. 1975. DM 36,80

Vorarlberger Alpen   **Bd. 49**
v. Prof. Dr. M. Richter, Berlin. 58 Abb. 2 Beil.1 5farb. geol. Karte. 181 S. 2. Aufl. 1978. DM 38,–

Fränkische Schweiz   **Bd. 50**
und Vorland
v. Prof. Dr. B. Schröder, Bochum. 20 Abb., 4 Beil., 94 S. 3. Aufl. 1977. DM 22,–

Italienische   **Bd. 51**
Vulkangebiete I
Somma-Vesuv, Latium, Toscana
v. Prof. Dr. H. Pichler, Tübingen. 48 Abb., 9 Tab. 9 Taf., 5 Beil. 271 S. 1970. DM 37,50

Italienische   **Bd. 52**
Vulkangebiete II
Phlegräische Felder, Ischia, Ponza-Inseln, Roccamonfina
v. Prof. Dr. H. Pichler, Tübingen, 50 Abb., 8 Tab. 6 Taf., 4 Beil. (1 mit farb. Deckbl.). 196 S. 1970. DM 34,–

Ötztaler und   **Bd. 53**
Stubaier Alpen
v. Prof. Dr. F. Purtscheller, Innsbruck 21 Abb. 1 geol. Karte. 136 S. 2. Aufl. 1978. DM 29,50

Nordwürttemberg   **Bd. 54**
Stromberg, Heilbronn, Löwensteiner Berge, Schwäb. Hall
v. Prof. Dr. M.P. Gwinner u. Dr. G.H. Bachmann, Stuttgart. 49 Abb., 1 Tab. 178 S. 2 Aufl. 1979. DM 35,–

Ruhrgebiet und Bergisches Land — Bd. 55
Zwischen Ruhr und Wupper
v. Prof. Dr. D. Richter, Aachen 58 Abb., 1 geol. Karte. 194 S. 2. Aufl. 1977. DM 38,–

Siebengebirge am Rhein, Laacher Vulkangebiet, Maargebiet der Westeifel — Bd. 56
v. Prof. Dr. J. Frechen, Bonn. 46 Abb., 7 Tab., 5 Beil. 218 S. 3. Aufl. 1977. DM 36,–

Das ostfriesische Küstengebiet — Bd. 57
Inseln, Watten, Marschen
v. Prof. Dr. K.-H. Sindowski, Braunschweig. 56 Abb., 22 Tab. 172 S. 1973. DM 39,–

Harz. Westlicher Teil — Bd. 58
v. Prof. Dr. K. Mohr, Clausthal. 33 Abb., 17 Tab. 18 Routenkärtchen, 1 geol. Karte. 208 S. 3. Aufl. 1979. DM 38,–

Der Wienerwald — Bd. 59
v. Dr. G. Plöchinger u. Dr. S. Prey, Red. Dr. W. Schnabel, Wien. 23 Abb., 3 Tab., 2 Karten. 152 S. 1974. DM 36,– (farb. geol. Karte apart DM 9,80)

Trier und Umgebung — Bd. 60
v. Dr. J. Negendank, Trier. 29 Abb., 6 Tab., 3 Exk.-Ktn, 2 geol. Ktn. 207 S. 2. überarb. Aufl. 1983. DM 39,–

Stuttgart und Umgebung — Bd. 61
v. Dr. M.P. Gwinner u. Dr. K. Hinkelbein, Stuttgart. 38 Abb., 1 Tab., 158 S. 1976. DM 35,– (mit farb. geol. Karte 1:50 000 DM 49,50)

Hegau und westl. Bodensee — Bd. 62
v. Dr. A. Schreiner, Freiburg. 22 Abb., 1 Tab., 103 S. 1977. DM 26,– (mit farb. geol. Karte 1:50 000 DM 45,50)

Aarmassiv und Gotthardmassiv — Bd. 63
v. Dr. T.P. Labhart, Bern. 22 Abb., 2 Tab., 1 geol. Karte. 184 S. 1977. DM 36,–

Die Insel Elba — Bd. 64
Mineralogie, Geologie, Geographie, Kulturgeschichte
v. Dr. H. Waldeck, Mainz. 66 Abb., 8 Tab. 177 S. 1977. DM 35,–

Odenwald — Bd. 65
Vorderer Odenwald zwischen Darmstadt und Heidelberg
v. Prof. Dr. E. Nickel unter Mitarb. v. M. Fettel. 63 Abb., 7 Tab. 218 S. 1979. DM 38,–

Zwischen Jadebusen und Unterelbe — Bd. 66
v. Prof. Dr. K.-H. Sindowski, Braunschweig. 15 Abb., 13 Tab. 155 S. 1979. DM 35,–

Die Schwäbische Alb und ihr Vorland — Bd. 67
v. Prof. Dr. O.F. Geyer u. Prof. Dr. M.P. Gwinner, Stuttgart. 36 Abb., 14 Fossiltaf. 294 S. 2. völlig überarbeitete Aufl. v. Bd. 40. 1979. DM 46,–

Oberbergisches Land — Bd. 68
Zwischen Wupper und Sieg
v. Prof. Dr. H. Grabert, Krefeld. 65 Abb., 2 Tab. 186 S. 1980. DM 39,–

Italienische Vulkangebiete III — Bd. 69
Lipari, Vulkano, Stromboli, Tyrrhenisches Meer
v. Prof. Dr. H. Pichler, Tübingen. 53 Abb., 4 Taf. 12 Tab. 290 S. 1981. DM 48,–

Harzvorland. Westlicher Teil — Bd. 70
v. Prof. Dr. K. Mohr, Clausthal. 30 Abb., 11 Kt., 12 Tab. 164 S. 1982. DM 38,–

Südtiroler Dolomiten — Bd. 71
v. Prof. Dr. Werner Heißel, Innsbruck. 25 Abb. 182 S. 1982. DM 39,–

Kraichgau und südlicher Odenwald — Bd. 72
v. Prof. Dr. V. Schweizer, Heidelberg, unter Mitarb. v. R. Kraatz. 35 Abb. 214 S. 1982. DM 39,–